科技人才激励机制

申 燕◎著

吉林出版集团股份有限公司

图书在版编目（CIP）数据

科技人才激励机制 / 申燕著． — 长春：吉林出版
集团股份有限公司，2021.11

ISBN 978-7-5731-0652-0

Ⅰ．①科… Ⅱ．①申… Ⅲ．①技术人才－人才政策－
研究－中国 Ⅳ．①G322.0

中国版本图书馆 CIP 数据核字 (2021) 第 231854 号

科技人才激励机制

著　　者	申　燕
责任编辑	滕　林
封面设计	林　吉
开　　本	787mm×1092mm　　1/16
字　　数	210 千
印　　张	9.5
版　　次	2021 年 12 月第 1 版
印　　次	2021 年 12 月第 1 次印刷
出版发行	吉林出版集团股份有限公司
电　　话	总编办：010-63109269
	发行部：010-63109269
印　　刷	北京宝莲鸿图科技有限公司

ISBN 978-7-5731-0652-0　　　　　　　　　　定价：58.00 元

绪　论

2019 年 10 月，《中共中央 国务院关于促进中医药传承创新发展的意见》（以下简称《意见》）明确提出要培养造就一批中医药创新人才。中医药人才是中医药事业发展的基础和保障，也是中医药传承与创新的第一资源。中医药人才建设在当前还比较薄弱，存在队伍青黄不接、好中医缺乏等突出问题。这些问题既制约着中医药的传承创新，也制约着中医药服务人民健康作用的发挥。在我省集聚一批中医药创新人才，充分激发他们的创新潜能，鼓励他们发挥引领作用，带动中医药人才队伍的整体建设，是我省中医药事业发展突破瓶颈的关键。

国外学者对人才聚集的内涵的分析一般散见于对人力资源流动和人力资本积累的具体研究中。如 Giannetti（2001）认为，人才聚集是指由于就业的相关性，各种人力资源显得更加集中在空间上，目的是通过劳动个体的合作使生产成本大大降低，并创造出规模效益。当人才在一定的时间和空间内集聚到一定规模时，就会产生超出个体人才独立效应的效应。

人才集聚影响因素大致划分为产业集聚和人才环境两个方面。第一，产业集聚方面。张樨樨等人（2010）提出在产业集聚过程中，产业结构发生了相应的变化，带来了大量的就业机会和较高的报酬水平，这引发了人才的集中和人才结构的调整。第二，人才环境方面。学者研究了影响人才环境的因素，主要基于两个层面：一是组织外部环境层面，包括经济环境、政策环境、人才市场环境、文化环境、社会环境、生活环境、自然环境、科研环境、教育环境、法律环境、产业环境等要素；二是组织内部环境方面，包括薪酬水平、研究条件、组织激励、沟通、发展前景等因素。但比较有意思的是，国内学者选取一些新的研究对象，采用截然不同的研究方法，研究出来的结论有两个特点：一是所选取的指标对人才集聚或多或少存在一定程度的影响；二是在所选取的指标中，对人才集聚影响最大的指标有很大差异。比如，石金楼（2007）认为经济要素是关键，樊丹（2015）认为科技投入重要，王丽阳（2017）认为政策因素更重要。实际上，这也反映了人才集聚系统研究的复杂性和多样性。另有一些学者将影响人才集聚因素的研究分为三个方面，一是人才流动，二是产业集群，三是社会环境。但不管是两个研究视角还是三个研究视角，综合来看，目前，对影响人才集中的因素的研究还比较零散，缺乏科学、系统的理论研究体系。

学者的研究主要呈现以下特点：

第一，以实证研究方法为主，注重实际问题的解决。虽然人才集聚是一个复杂的、系统的、模糊的研究体系，但学者的研究并没有停留在定性研究层面，而是采用了大量的实证研究方法。在理论分析的基础上，采用定量分析的方法，得出了产业型人才集聚的影响因素、人才集聚效应的定量指标、人才集聚与产业发展和城市化发展之间的定量关系。

第二，研究关注角度理性化，注重地区间、行业间差异。在研究中，许多国内学者能够根据不同地域的具体情况，关注不同行业人才集聚过程中的影响因素和集聚效应，并强调人才集聚应避免不经济效应。当前关于中医药创新人才集聚影响因素和路径的研究还处于起步阶段，研究体系还亟待完善。

本书在理论分析的基础上，结合中医药创新人才特征，构建影响我省中医药创新人才集聚的理论模型，筛选与人才集聚水平高度关联的指标，在此基础上通过时间序列数据检验人才集聚影响因素，为今后科技人才集聚的相关研究提供理论参考。

通过对我省中医药创新人才集聚影响因素的研究，揭示影响人才集聚的主导因素，为我省提升中医药创新人才集聚水平提出针对性建议；为如何加强人才培养与管理交流，促进我省中医药事业传承创新发展提供改良思路，为更好地发挥科技人才的作用建言献策。

作者

2021 年 3 月 1 日

目　录

第一章　创新人才集聚的影响因素

近年来，中医药文化在国家的重点培养下迅猛发展，我国对中医药创新人才的需求不断扩大。各地积极响应国家号召，大力发展基层中医药文化，对中医药创新人才的引进政策也在顺势调整。本章通过对山东省东营市胜利医院这所三级医院的一线临床医护人员和医院工作领导的访谈，从政策制度、工作环境、人才意愿、地域文化四个维度综合考虑，探索东营市胜利医院中医药创新人才的影响因素。

第一节　前　言

一、研究背景

中医药文化是中华民族代代相传的瑰宝。在国家扶持和促进中医药文化如火如荼进行的同时，中医药创新人才这一概念应运而生，并逐渐发展成为推动中医药事业发展的基础和保障。山东省东营市胜利医院为积极响应国家号召，转变传统的医疗模式，重视对中医药创新人才的引进和培养。笔者正在该医院实习，结合该院特点及东营市所具备的地域文化，研究东营市胜利医院吸引中医药创新人才集聚的影响因素，为该医院的发展和人才集聚提供理论支持。

二、研究意义

（一）学术价值

中医药创新人才是指在中医药文化上的创造性人才。随着中医药现代化的发展，需要既有中医药知识与临床经验又具备创新能力的中医药优秀人才，高素质中医药创新人才是中医药建设及特色发展的中坚力量和核心竞争力。因此，要推动中医药事业的发展，必须革新人才引进政策和机制，积极引进不同层次的中医药创新人才。

（二）现实意义

山东省东营市胜利医院正面临着更新换代的好时期，为响应国家对中医医疗服务人才的培养，践行"西学中"的政策，号召全院医护人员学习中医药文化，急需中医药创新人才的加入。笔者正在该医院实习，想从政策制度、工作环境、人才意愿、地域文化等因素着手，研究东营市胜利医院吸引中医药创新人才集聚的影响因素，为该医院的发展和人才集聚提供理论支持。

第二节　文献综述

一、概念界定

（一）人才

刘红梅等人（2019）提出，目前人才的定义是西南大学马克思主义理论研究中心副主任罗洪铁在前人概括的基础上，结合国内外各界的理论提出的：人才是指那些具有良好的内在素质，能够在一定条件下通过取得创造性劳动成果，对社会的进步和发展能产生较大影响的人[1]。这是近代以来对人才定义的整合和发展。

（二）中医药创新人才

中医药创新人才是国家卫健委提出的新型概念。黄丽雪等人（2012）认为创新性人才是指具有创新精神的创造性人才。具有创新意识、思维和能力的高素质人才[2]。牛素珍等人（2007）认为中医药创新人才是集知识结构、创新意识、创新思维与实践于一身的人才[3]。

（三）中医药文化

张其成（2013）认为国家中医药管理局颁布的《中医医院中医药文化建设指南》对中医药文化的释义比较完整的，指出："中医药文化是中华民族优秀传统文化的重要组成部分，是中医药学发展过程中的精神财富和物质财富，是中华民族几千年来认识生命、维护健康、防治疾病的思想和方法体系，是中医药服务的内在精神和思想基础，具有中华民族特色的文化符号，充分体现中华优秀传统文化的核心价值观念、原创思维方式，融合了历代自然科学和人文科学的精华，吸收了儒家、道家乃至佛家文化的智慧，是古代唯一流传至今并且仍在发挥重要作用的科技文化形态。"

（四）人才集聚

张波（2017）认为人才集聚思想源于经济学产业集群研究[5]。徐姗姗（2020）认为人才集聚是吸引人才并确保人才稳定留存而产生的一种集群模式[6]。

二、中医药文化国内外现状

（一）中医药文化的国内发展现状

中医药文化是中国文化中最具济世精神的。从古至今，它为中华民族的繁衍健康做出了巨大的贡献。近代以来，随着西医的传入和发展，中医的地位不断降低。庆幸的是，近年来人们开始重视传统文化的自然观念，中医药文化也顺势开始复苏。

国家卫健委、国家中医药管理局（2019）颁布的《关于在医疗联合体建设中加强中医药工作的通知》中，从政治方面肯定中医药的地位，强调要提高中医医院的综合能力[7]；国家中医药管理局发布的"十三五"规划（2017），重点强调加强中医医疗服务人才培养。在国家政策的引导下，各省份都推出相应的政策以加强中医药文化的宣传和中医药创新人才的培养[8]。以山东省为例，省委省政府颁布的《关于促进中医药传承创新发展的若干措施》（2020）里明确提出要完善中医医疗服务体系，加强中医药重点专科建设，推动中医药产业高质量发展，提高中医药人才队伍建设质量，促进中医药传承和创新，加强中医药工作统筹协调[9]。不难看出，中医药优秀文化的继承与发展和中医药创新人才的引进迫在眉睫。

因此，伴随中医药文化的复苏和发展，中医药创新人才成为众多学者研究的对象之一，并对此进行了全面又深刻的研究调查。许志程等人（2016）认为，中医药文化的传承与创新人才的培养相辅相成，缺一不可；又提出中医药创新人才的吸引政策和培养方案，进一步丰富完善中医药创新人才的理论研究[10]。孙建中（2014）提出要改革培养模式，优化课程设置，通过开展多种形式的实践活动等途径来培养中医药创新人才，创新中医药发展环境，推动人才的全面发展[11]。

综上，随着中医药文化的发展蒸蒸日上，国内中医药创新人才的发展也在不断完善。因此，对中医药创新人才的吸引、培养以及研究也日渐增多，发展前景值得期待。

（二）中医药文化的国外发展现状

中医药在国外大部分国家属于非正规医学范畴，缺少科学、严谨的研究理论做基础，是一种补充替代医学。即便许多国家在中国国际地位提升和对中国传统文化学习的前提下，扩展对中医学的研究，开展中医药学、针灸学院等专项课程，但设置不完善，没有统一的专业教材及考试标准，教育水平不高。因此，在医学教育体制中并无合法地位，导致中医药文化的发展缓慢，国际化人才缺乏，中医药创新人才更是少之又少，亟须加大培养力度。

第三节　研究设计

一、研究目的

以山东省东营市胜利医院的医护人员为研究对象，通过访谈、案例分析等形式调查山东省东营市胜利医院所具备的吸引人才的条件，并进行归纳总结，探讨东营市胜利医院人才集聚的影响因素，为其吸引人才提供数据依据和理论支持。

二、研究对象

从医院管理层选取 6 名人员，男士 4 名、女士 2 名；从临床医护人员中选取 10 名人员，男士 5 名、女士 5 名；共 16 名工作人员进行访谈，年龄不限，工作岗位不限。

三、研究方法

（1）文献分析法：通过在中国知网数据库里对关键词进行搜索，阅读大量文献资料，筛选出有效文献，寻找其中的内在联系和对论文有意义的研究结论，作为理论参考。

（2）访谈法：访谈采取自编的访谈提纲，所有访谈者均为本人。所有访谈均在笔者提前与被访谈者约定的访谈时间与访谈地点下开展，确保访谈过程的严谨性和充裕时间，以免访谈过程被打扰。被访者为东营市胜利医院不同科室的 10 名一线医护人员（其中，男士 5 名、女士 5 名）和 6 名医院领导，共计 16 名人员。访谈过程中，介绍本次访谈的目的和访谈中的问题，由笔者依据访谈提纲提出访谈问题，并告知被访谈者在听到问题后有任何与该问题有关的想法都可以畅所欲言，并询问是否可以录音（有 8 名医护人员拒绝录音，有 6 名领导拒绝录音），在其同意下进行录音，在访谈结束后转化为文本；对于拒绝录音的，在访谈过程中做好记录，并与被访谈者在结尾进行沟通和完善。通过对访谈内容的整理，提炼关键要点，再与访谈内容进行对照比对，找出其中的特点，借助 Nvivo12.0 分析软件，对访谈的内容加以整理梳理，并进行总结概括。

（3）系统分析法：通过对文献内容和访谈结果的综合整理分析，解析中医药创新人才集聚的影响因素，并提出优化的对策和建议。

四、研究工具

借助文本分析软件 Nvivo12.0，引入访谈内容、编辑节点、编码等一系列操作找出其中的关联点，从政策、工作环境、地域文化、人才意愿归纳分析东营市胜利医院人才引进的利弊条件，从而总结出有效建议。

第四节 调查结果

一、访谈结果描述性分析——医护人员

访谈主要从医护人员对中医药文化的认知及学习态度，对工作环境的真实体验，对东营市整体评价以及对中医药创新人才的认识这四大维度展开，具体内容如下：

表 1.4.1 对医护人员访谈内容节点分析表

一级节点	二级节点	三级节点	参考点
对中医药创新人才的认识	传承与发展		4
	创新能力		5
	丰富的临床经验		2
	好学		1
	积极果敢		2
	见解独特		2
	结合西医		1
	灵活运用方剂		2
	挑战权威		3
	与时俱进		5
	专业性极强		4
中医药文化普及度	发展前景	积极憧憬	17
		一般对待	0
	学习方式	大家文章	4
		公开课	8
		国家导向	2
		培训课程	3
		同事交流	1
		阅读书籍	2
	学习态度	存在问题	1
		积极正向	15

续表

一级节点	二级节点	三级节点	参考点
中医药文化普及度	政策扶持	安家费用	3
		创新环境	6
		门槛调节	1
		免报名费	6
		中医会诊	7
	中医的特点	博大精深	5
		天人合一	2
		养生保健	4
		阴阳平衡	2
		整体观念	7
		治"未"病	2
		治慢性病	2
工作环境	薪资水平	满意	6
		一般	3
	同事相处	满意	8
		一般	2
	就职原因	个人意愿	4
		工作调动	3
		实习分配	1
		医院扩招	1
	发展前景	积极	8
		一般	1
对东营的认识	评价	积极	2
		一般	13
	发展	得过且过	6
		前途光明	9
		日渐没落	0

以上是对东营市胜利医院医护人员的访谈内容整理。

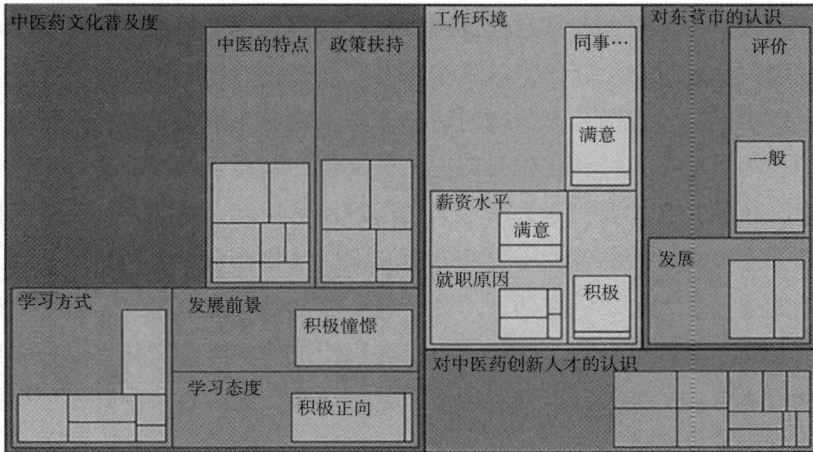

图 1.4.1　对医护人员访谈内容层次分析图

　　在此次对医护人员的访谈过程中，中医文化的普及度约占访谈比重的 1/2，医护人员的工作环境问题约占总比重的 2/5，对东营这座城市的认识问题约占总比重的 2/5，关于医护人员对中医药创新人才的认识约占总比重的 1/5。通过对这四个维度的探索，研究在东营市工作、在东营市胜利医院工作的人员对这片土地的认识，提供真实生活体验及工作体验，了解政府和医院推行的政策的实施进度和落实情况，向人才展示真正的工作环境。

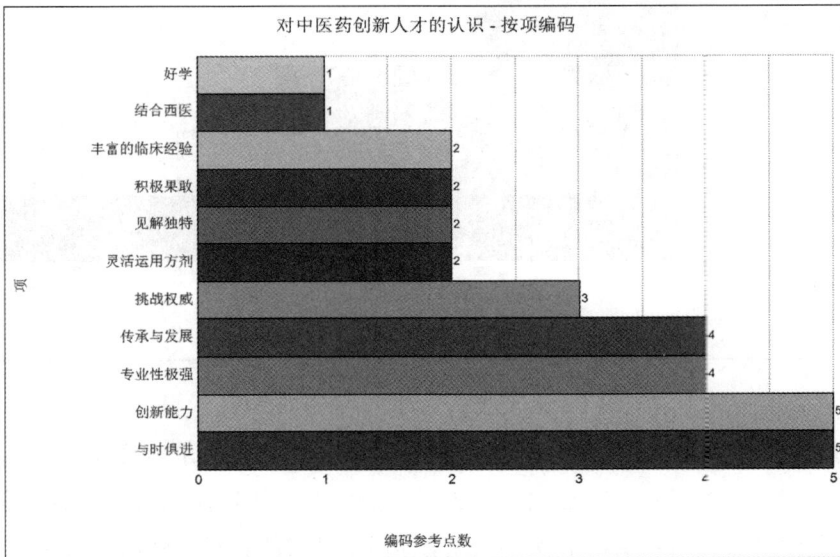

图 1.4.2　医护人员对中医药创新人才的认识

　　在访谈的 10 名临床医护人员里，他们认为中医药创新人才必须具备独特的能力。有 1 名医护人员强调学习能力要强；1 名医护人员强调要做到"结合西医文化"，切勿摒弃西医的杰出贡献；2 名医护人员强调要有丰富的临床经验，望闻问切都要擅长，便于更好地诊断并做出判断；2 名医护人员强调要积极果敢，"不畏困难，坚持不懈（4）"，克服中医现如今所面对的问题；2名医护人员强调要有独特的见解，从日常生活中分析问题，善于观察；有2名医护人员强调要"灵活运用方剂""熟悉方剂搭配，了解疾病的症候群差异，能灵活运用调配并进行创新"，这是中医药人才必备的技巧；有3名医护人员强调要"敢于革新，敢于质疑传统"，与传统封建的中医文化做斗争；有4名医护人员强调在中医药文化的传承和发展中，"要正确对待中西医文化的差异，辩证地对待中医文化的继承和发展"，中医药创新人才要担起大梁，义无反顾，承担起这份重任；有4名医护人员强调中医药创新人才要有过硬的专业素养和专业知识做铺垫；有5名医护人员强调"要有创新意识、创新能力""创新思维灵活""能革新、能变通、能激进"；有5名医护人员强调要与时俱进，跟上时代发展的步伐，"不拘泥于传统的中医药文化，要把中医药文化和当代社会大众所追求的所推崇的所面对的事情紧密结合，成为日常中必不可少的内容"，而不是传统封建，难以领悟。

通过整理归纳，这10名医护人员对中医药创新人才的了解比较全面，也有自己的理解。

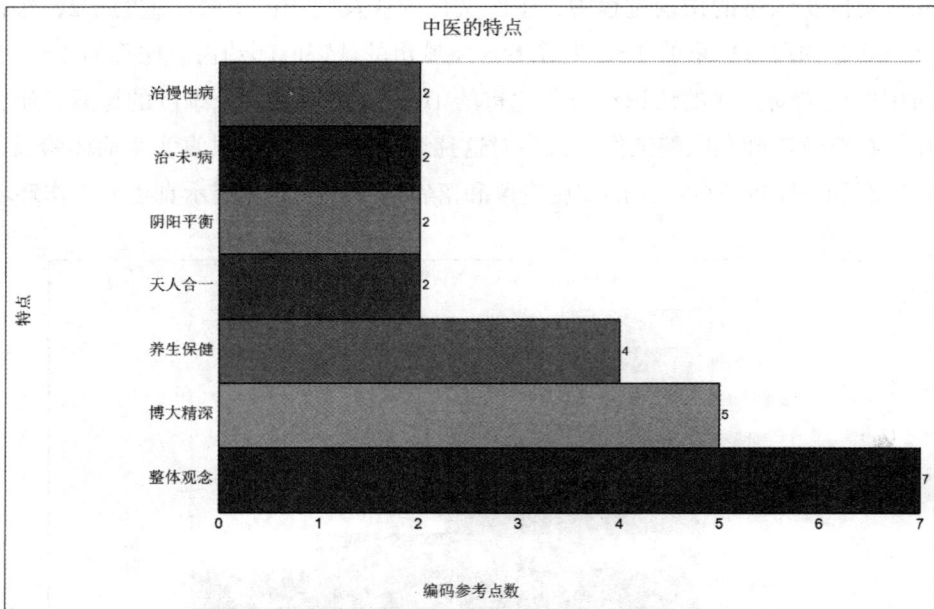

图1.4.3　医护人员对中医特点的把握

中医药文化发展至今已有千年历史，通过对中医药文化的了解和学习，10名医护人员对中医的认识如上图所示。有2名医护人员谈到中医治慢性病的特点；有2名医护人员谈到中医可以治"未"病；有2名医护人员谈到中医具有阴阳平衡的特点；有2名医护人员谈到中医具有"天人合一"的特点；有4名医护人员认为中医具有"养生保健""延年益寿"的功效；有5名医护人员认为"中医文化博大精深""是传统文化的分支，是精神文化的重要组成部分""历史悠久，可研究性比较强""集中华民族五千年历史，源远流长"；有7名医护人员强调中医的整体观念。

通过整理归纳，这10名医护人员对中医都有或多或少的认识，能谈出中医所包含的特点，可见医护人员对中医了解得比较全面。

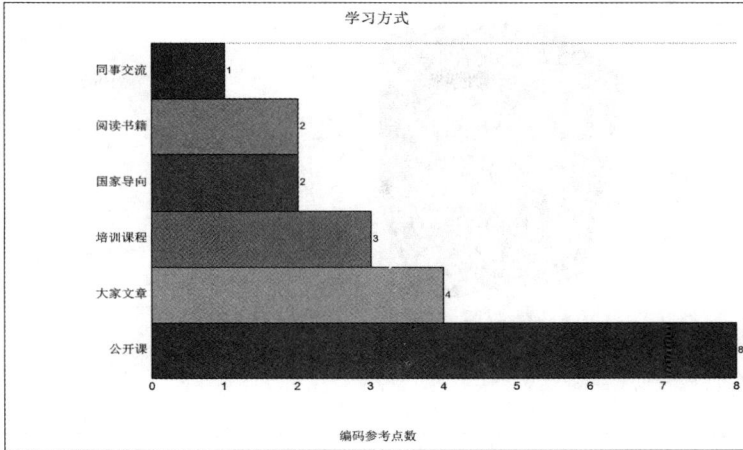

图 1.4.4　医护人员学习中医药文化的方式

如上图所示，在访谈的 10 名医护人员中，有 8 名通过公开课学习中医药文化，有 4 名是阅读大家的文章论文，有 3 名是通过培训课程学习，有 2 名是根据国家导向学习中医药文化，有 2 名是阅读书籍，有 1 名是与同事交流研讨。

通过对医护人员学习方式的了解，可以更好地了解他们学习中医药文化的途径，在后期宣传过程中，可以利用这些途径加强对中医药文化的宣传，使人们更全面地了解中医药文化，为中医药文化的普及做铺垫，也为中医药创新人才良好的工作环境夯实基础。

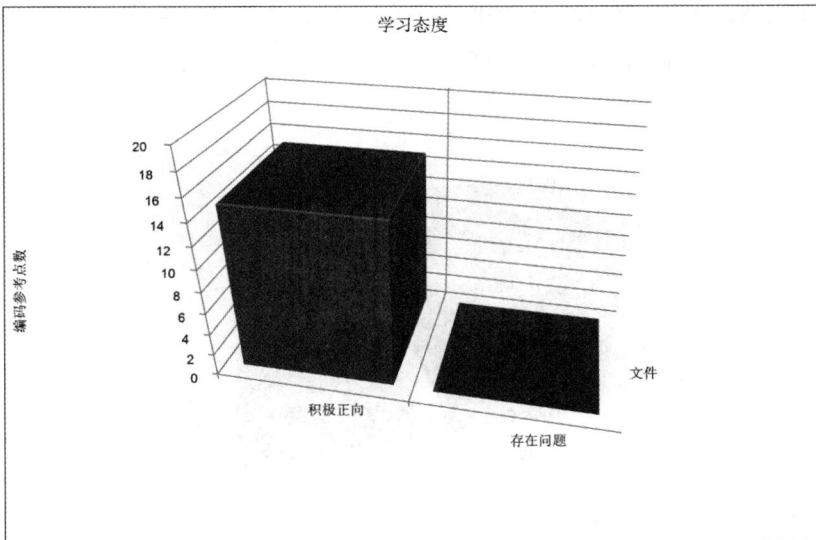

图 1.4.5　医护人员学习中医药文化的态度

在访谈的 10 名医护人员中，有 9 名人员认为学习中医药文化便于个人及科室的发展，只有 1 名医护人员认为中医与其无关，"耽搁工作时间"，觉得毫无意义。

通过整理归纳可知，学习中医药文化无论是院方还是医护人员个人，都比较认可。这为中医药创新人才的集聚创造了和谐的氛围。

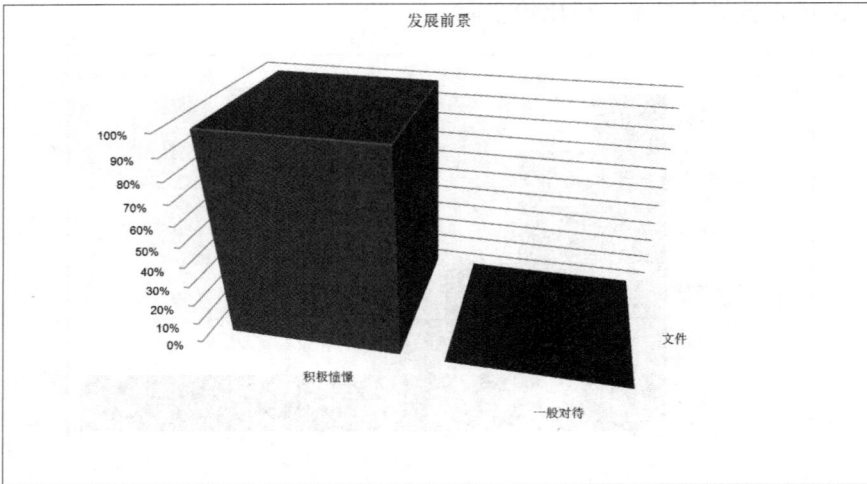

图 1.4.6 医护人员对中医发展前景的认识

在访谈的 10 名医护人员中，都认为中医的发展前景可以，认为"西医治疗缺乏整体性治疗手段，而中医正好能扬长避短，而且相辅相成"；"中医有时候是比较晦涩难懂的，现在国家提出中医药创新人才这个政策，就是希望这批人能够解读中医，传承中医，创新中医，当然理论不能变，只是把这些内容更好地服务于老百姓，人人受益，中医的发展就能更好地进行。道路坎坷，前途光明"；"中医对于心理方面的诊断也有独特的理解，对于某些心理疾病可以通过独特的中医药方进行治疗，期待中医药文化早日发展壮大"。

通过整理归纳，医护人员通过对中医的认识，都认为当今社会需要中医，中医的发展指日可待。总而言之，中医发展是趋势所致。

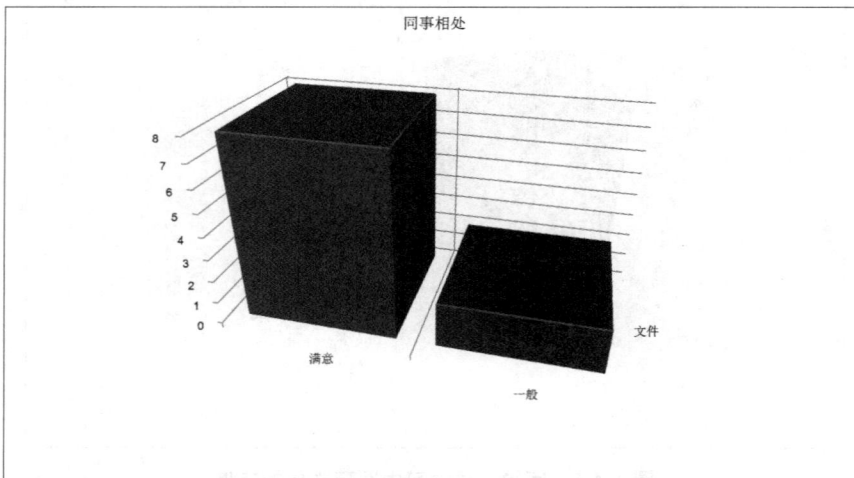

图 1.4.7 医护人员对同事相处的满意度

在访谈的 10 名医护人员中，有 8 名人员认为与同事相处满意，"科室同事关系相处较好，治疗期间搭配默契，注重团队合作，工作氛围良好""同事相处还蛮和谐，大家彼此照顾"。有 2 名人员认为同事相处氛围一般，"自己有一定想法，合群很难，正常工作运转可以"。

通过整理归纳，医护人员在同事相处方面，因个人性格、地域差异等问题，存在或多或少的矛盾，但都能维持正常的工作运转。

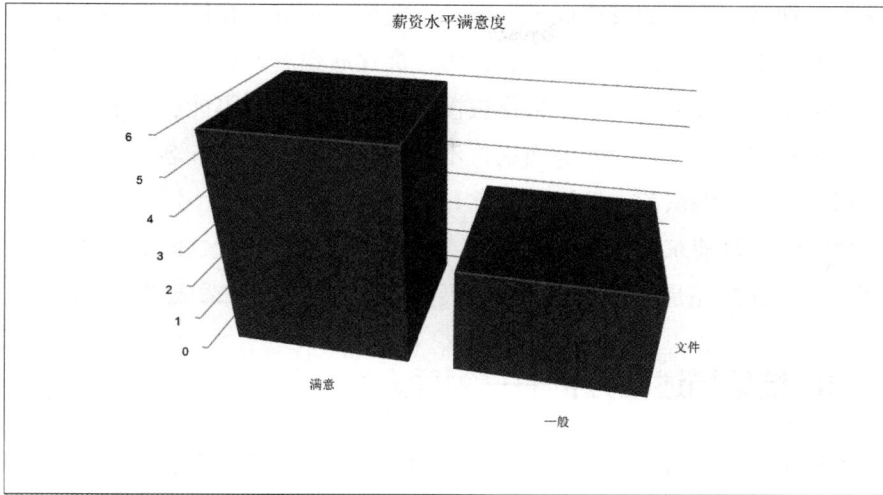

图 1.4.8　医护人员对薪资水平的满意度

在访谈的 10 名医护人员中，有 6 名人员对薪资水平比较满意，"能养家糊口""基本满足家用""还能给家里寄去一小部分，减少家里的经济压力"；有 3 名人员对薪资水平表示一般情况，认为"薪资水平有所下降""没有之前的待遇好"，甚至"无能为力"；有 1 名人员未对此问题做出评价。

通过整理归纳，医护人员对薪资水平的满意度一般，由于胜利医院目前正处于转型过程中，薪资水平较之前有所下降，部分老员工对此表示不满，工作不久的人员表示还比较满意。

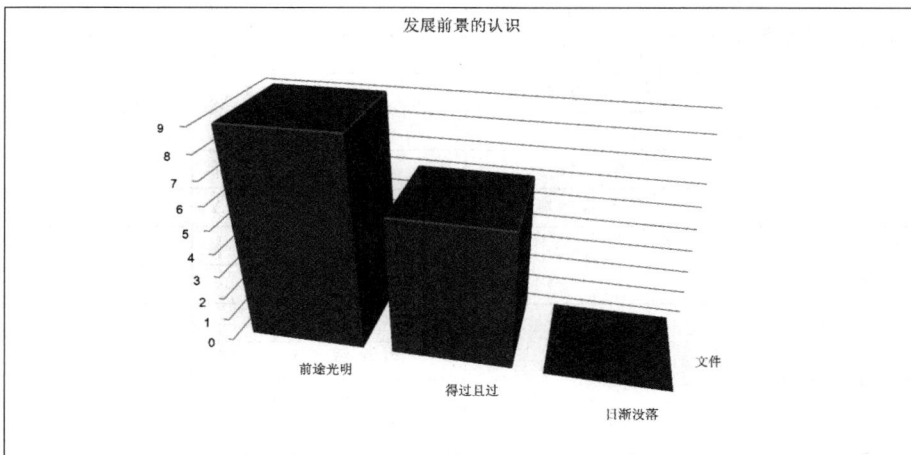

图 1.4.9　医护人员对东营市发展前景的认识

在访谈的 10 名医护人员中，有 9 名人员认为东营市现如今的发展前景良好，东营市是"待发展的现代化城市。随着企业办社会这阵风的消散，东营政府的权力日益增大，东营这座城市的整体发展也就提上日程了。尽管前些年东营发展并没有那么独立、迅猛，被油田所牵制，但基本有的设施啊，服务啊，还是存在的。不拔尖但够用。实际上也不算落后，就像是被尘土封盖着的一件精品，慢慢挖掘，慢慢擦拭，总归会发光发亮的""待发展。缺少这个级别城市该有的发展成果。但又不能说他不好，自给自足似的生活模式，又很优哉游哉。经济水平还行，政府还有所作为，文化底蕴嘛，黄河算吗？总感觉油田和黄河对东营人有着不可忽视的影响。如果你去慢慢发掘，那么你可能会爱上这座城市；如果只是白驹过隙地看看，那么你会匆匆而去，不留一丝留恋"。有 6 名人员尽管认为发展前景可以，但仍觉得短期内东营市发展欠佳。

通过整理归纳，目前东营市的发展情况，对于医护人员来说，既充满期待，又被迫于接受现实。但整体来说，还是相信东营市会发展为一座现代化城市，成为山东省的大市之一。

二、访谈结果描述性分析——领导人员

访谈主要从领导人员对中医药文化的特点的认识，对中医药创新人才的特点的认识，对西学中政策的评价以及对医院政策的评价这四大维度展开，具体内容如下：

表 1.4.2　对领导人员访谈内容节点分析表

一级节点	二级节点	三级节点	参考点
中医药文化的特点	博大精深		5
	养生保健		3
	整体观念		4
中医药创新人才的特点	创新能力		4
	洞察力敏锐		1
	见解独特		1
	批判继承		4
	认识深刻		2
	兴趣浓厚		3
	学习能力强		3
	有责任心		3
	正常工作		2
	专业素养过硬		4
西学中政策的评价	前景	广阔	6
		无	0
	评价	巩固专业素养	2
		利于培养人才	4
		提高中医地位	1
		提升专业水平	1
		推动中医发展	1
		延伸专业内容	1

续表

一级节点	二级节点	三级节点	参考点
医院政策的评价	内容	后期培养	3
		扩招人才	6
		全院学习	3
		置办安家费	6
	有利因素	门槛调节	1
		求贤若渴	4
		响应政府号召	1
		性质变更	4
		中医氛围浓厚	4
		重视中医	6
	不利因素	城市待发展	2
		医院待发展	3
	改进	立足医院实际	2
		生活补贴扶持	1
		响应政府号召	2
		注重后期培养	1

以上是对东营市胜利医院领导人员的访谈内容整理。

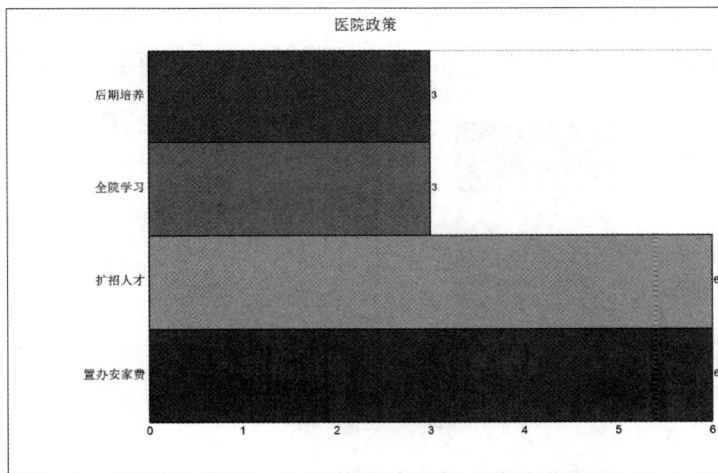

图 1.4.10　领导人员对医院吸引人才政策的认识

在访谈的6名领导人员中,提供4项医院吸引人才的政策,分别为"免除后期培养费用"等后续培养方案;"鼓励全院学习中医药文化,创造良好的工作氛围"等工作氛围的创新。"扩招人才,增加就业机会"等人才扩招政策;"置办安家费"等。

通过整理归纳,医院从工作环境、生活补贴、增加就业机会、后期培养四个维度吸引人才。

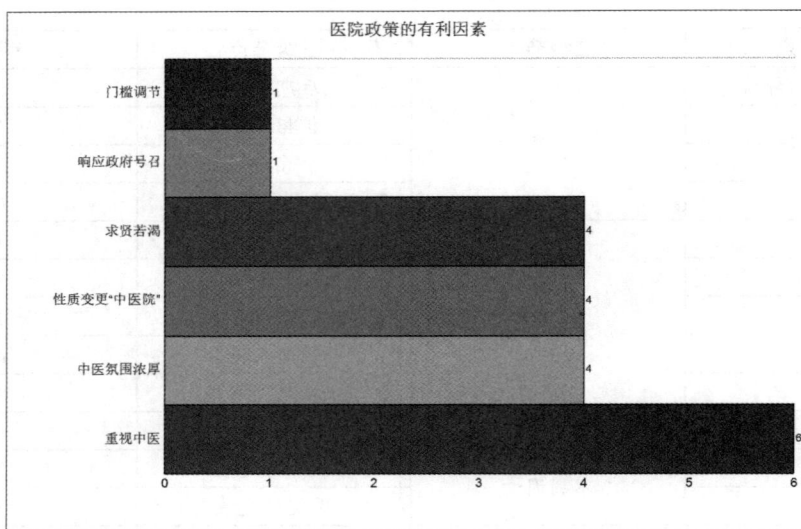

图 1.4.10　领导人员对医院吸引人才政策有利因素的认识

在访谈的 6 名领导人员中，提出医院吸引人才的政策里六项有利因素，分别为"调节就业门槛""响应国家号召""医院目前变更为中医院""重视中医的发展""创造良好的中医学习氛围""对人才的需求量较大，求贤若渴"等。

通过整理归纳，医院变更为"东营市中医院"，性质有所改变，在响应国家政策的基础上，重视中医的发展，强调中医的宣传工作，为中医药创新人才的发展创造良好的工作氛围。

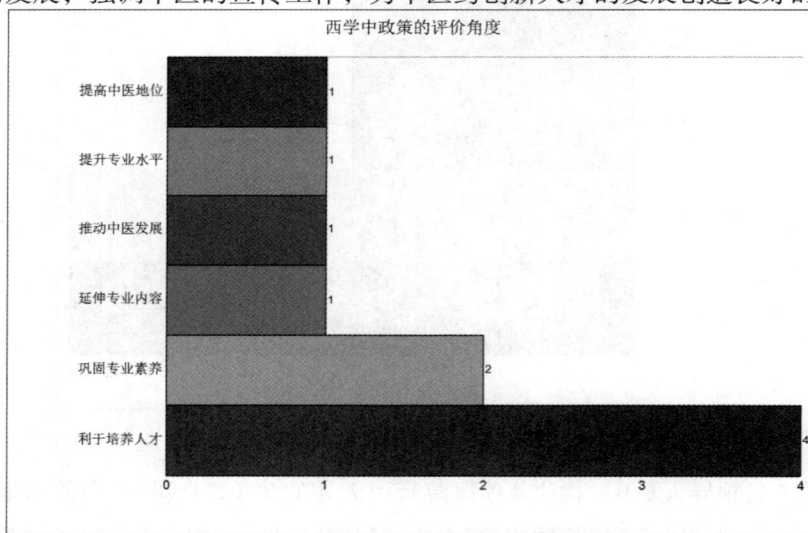

图 1.4.11　领导人员对西学中政策的评价

在访谈的 6 名领导人员中，提出西学中政策的六项影响因素，分别是"提高中医地位，为中医正名""能够提高人才的专业水平""推动中医的发展""延伸和变通人才的专业内容""提高和巩固人才的专业素养""有利于培养大批优秀的中医药创新人才"等。

通过整理归纳，西学中政策能够提升人才的专业水平，促进人才对传统中医药文化的批判性继承，从而培养大批优秀人才，推动中医药文化的发展。

第五节 讨 论

一、东营市现有的人才引进及培养政策优势和不足

（一）优势

政府加强对中医药创新人才的引进力度，进一步延揽优秀人才，出台《关于实施"才聚东营"行动打造新时代区域性人才集聚高地的若干措施》（2021），推出涉及六大方面的 23 条"硬"举措。提出赋予事业单位引才用才活力的自主权，赋予企业的主体地位，提高引才用才的积极性和自主性。

为引进的人才优化发展环境，分期分批筹集人才公寓，保障引进不同层次人才的住房需求；对东营市首购商品住房的相关人才给予购房补贴，享受公积金贷款政策；提出了高层次人才健康体检、医疗保险、转院就医、健康疗养等方面的服务措施，减少生活压力，创建良好的发展环境[12]。

以此不断集聚创新要素，创新人才发展的有利条件，确保优秀人才能够引得来、用得好、留得住，为东营高质量发展提供强有力的人才保障和智力支持，推动建设东营市成为创新创业的活力之城。

（二）不足

通过对医护人员和院方领导的沟通（2021），东营市中医药行业存在人才总量偏少、各层次结构不合理、青年人才缺乏的问题[13]，而现推出的人才引进政策相比较而言并未有特殊改革之处。与大城市相比，在政策相近的前提下，很难留住人才并形成人才集聚的模式，造成一才难求的局面。

胜利油田从隶属中央到现在归东营市政府管辖，油田效益又日渐不佳，东营市现如今的发展之路坎坷崎岖。政府给予引进留住的人才的优惠政策、住房政策、门槛条件等可能达到人才的生活需求，但城市的发展潜力有待开发，且规划时间与实操存在误差，导致投资环境、创业环境、服务环境、人文环境等存在着不可跨越的鸿沟。因此，费尽心思引进人才，也留不住、用不长，人才还是会面临流失的问题。

二、东营市胜利医院现有的人才引进及培养政策优势与不足

（一）优势

积极响应政府号召，给予不同学士学位的中医药创新人才 10 万元及以上安家费等生活补贴，为人才创建良好的生活保障。

后续在培养人才方面，遵循中医药人才成长规律与西学中特点（2019），提供免费的学术支持，通过个性化实践学习、中西医协同发展等方式，培养以中青年临床医学及相关专业技术人员为主的优秀创新人才[14]。这既有效推动中医药文化的继承和发展，也为中医药创新人才创造良好的工作氛围和学习环境。

（二）不足

医院过分贯彻落实国家及政府推出的人才引进计划和培养方案，缺乏自主性和创新性。对引才、留才之后的工作环境并未系统规划，对创新其培养模式方面，力度不大，没有形成自己独特的计划，存在短板，难以为中医药创新人才的集聚创造良好的就业条件。

三、东营市胜利医院工作环境的优势与不足

（一）优势

山东省东营市中医院（东营市胜利医院）的前身是胜利油田胜利医院（2021），它随着 20 世纪 60 年代华北石油大会战的发展而诞生并不断壮大，是一所集临床医疗、医学教育、医学科研、预防保健于一体的三级医院，为东营市的医疗卫生行业做出了卓越贡献。近年来，医院以"建设群众满意的现代化综合性三级甲等医院"为目标，创新管理，强化质量，积极作为，勇于担当，各项工作高质、高效、稳步运行[15]。

即将竣工的东营市中医院、东营市传染病防控中心、东营市精神卫生中心是东营市胜利医院的一大特色。另一大特色是即将实现"三级甲等医院"。在此基础上，医院为提高整体水平，引进大量先进的医疗器械和大批临床大夫，随之而来的是新的技术、新的模式，发展前景一片光明。

（二）不足

医院正值革新之际，体制模式方面存在歧义，难以为人才提供稳定的工作环境和传统的晋升模式，不利于人才集聚的稳定性。

中医药文化的宣传还未彻底，部分医疗人员对中医文化的接纳程度不够，使中医药文化的发展和中医药创新人才引进与留下后面对的压力较大，不利于中医药创新人才的协调发展。

四、东营市城市发展过程中的优势与不足

（一）优势

中国共产党东营市第六届委员会第九次全体会议（2020），按照省委十一届十二次全会的部署要求，结合东营市实际，提出 14 条建议 51 条措施。建议里提道：山东省开启新时代现代化强省建设新征程，为中医药创新人才创造了有利的外部环境和新的发展空间。新一轮科技革命和产业变革深入发展，有利于人才抓住机遇。综合分析面临的形势，东营市的战略地位显著提高。

建议里期望：到 2035 年东营市将率先基本实现社会主义现代化，基本建成高水平现代化的强市、高水平国家创新型的城市、高水平的平安东营、高水平的文明城市，成为改革开放新高地，并且聚焦新时代东营高质量发展的目标定位，推动高水平现代化强市建设取得重大突破[16]。

（二）不足

对照新形势新任务的要求（2020），东营市科技创新能力不强，新旧动能转换任务依然艰巨，资源环境约束趋紧，重点领域改革有待深化，重大交通基础设施建设需要提速加力，民生领域和社会治理还有弱项[16]。

胜利油田效益下降，东营市经济水平有待提高。油田面临转型升级，各方面都受此影响而波动。东营市综合水平并非位于全省前列，目前发展存在短板，未来发展规划长，基础设施落后，崛起还需时日。

五、怎样的人才意愿会影响人才集聚

首先是稳定的工作环境。满意的工作环境会提高人才的工作效能和工作满意度。

其次是合理的工作激励制度。除却黄丽雪等人（2012）认为的调整工资结构、改革分配制度[2]；还要重视精神层面的奖励。对有突出贡献的人才授予各种荣誉称号、提供深造的机会。岳秋玲（2007）也认为医院员工是以知识员工为主，更应该关注自我实现等心理的满足[20]。因此合理的人才激励制度，有利于推动人才集聚，形成良好的产业效应。

再次是理想的个人发展前景。加强人才培养机制的规划建设，霍丽霞（2019）认为应该完善教育培训体系，构建人才终身学习制度，为人才成长与发展提供强有力的支撑[17]；谷丽艳等人（2019）认为对中医药创新人才培养项目应给予政策、资金上的支持[18]，探索人才科学基础、实践能力与人文素养融合培养的有效途径；岳秋玲（2007）认为应实施内外联合，拓宽人才培养渠道，以此保障人才的发展前途，形成稳定的人才集聚效应[20]。

最后是归属感。姚鹏宇（2020）在《发展基层中医药事业 如何做好人才引进》一文中

提道：饮水思源，落叶归根，是中国人独有的乡土情结。因此应贯彻落实习近平总书记提出的"全面建成小康社会，广大青年是生力军和突击队"这一口号，做好青年的思想工作，宣传建设家乡工作，号召大学生返乡，服务家乡中医药文化的发展。同时也要以乡土之情，感召家乡人才服务家乡，奉献家乡，鼓励国医大师、名中医等人才助力东营中医药事业的发展[19]。

第六节　建　议

一、加强中医药工作统筹协调

强化组织领导（2017）。建立东营市胜利医院推动中医药发展工作领导小组，并定期召开会议，研究国家大方向的中医药发展的战略规划、重要政策和改革举措。选举至少1名具有中医药专业背景的医院党委书记或院长，提高领导管理层的专业素养。

完善投入保障机制。东营市政府统筹安排中医药事业发展经费并加大支持力度，建立符合胜利医院发展规律的投入机制。

创新符合中医药特点的医保支付方式。东营市政府按规定将适宜的中医诊疗项目和经批准的中药制剂纳入基本医疗保险支付范围，医保总额控制指标向中医医疗机构适当倾斜。深化中医药医疗服务价格改革，动态调整中医医疗服务项目价格[8]。

二、建立合适的人才培养和发展计划

霍丽霞等人（2019）认为应加强中医药创新人才培养机制建设，优化中医药创新人才集聚的工作和发展环境。东营市政府努力推进高等教育体制改革，加强中医药文化发展的学科人才的培养力度，建立与高校的合作，构建人才蓄水池[17]。

不断完善人才的再教育培训体系，创新中医药人才培养计划，构建终身学习制度，利用微课资源库、重大科研平台等科研方式使中医药创新人才接触中医药学科前沿知识，加强培训，促进人才系统地成长与发展。

加强科普教育，宣讲中医养生保健，增强全市人民对中医药文化的兴趣，提高中医药文化素养，创造良好的文化氛围。

三、创建良好的工作环境和氛围

创新管理体制。加大对培养中医药创新人才的经费投入，提高东营市中医药文化的创新水平，优化利于人才集聚的工作环境；加大中医药文化创新"扶贫"力度，完善中医院协同发展机制；调动中医药创新人才的积极性，建立体现中医药创新人才价值的物质激励机制和精神激励机制，提高对中医药人才的信任度，充分发挥继承和发展中医药文化的创造性，加强人才情感激励，增强其组织归属感和安全感。

规划好搬进新院区的后续工作。鼓励临床工作者宣传和学习中医药文化，积极践行"西学中"政策和相关学习计划。创造中医药发展的良好氛围，为人才集聚的工作环境奠定基础。

四、提升东营市经济的整体水平

充分发挥市场对人才资源配置的基础性作用，奠定有利于人才集聚的经济基础。抓住东营市改革创新、胜利油田转型升级的关键发展时期，招商引资，扩大基础设施的建设范围，提升东营市经济的整体水平，实现经济迅猛发展，从而带动东营市中医药创新人才的合理流动，促进中医药创新人才集聚及集聚效应的充分发挥。与此同时，丰富市民的娱乐生活，提高老百姓的生活质量和生活幸福度，营造良好的生活环境。

五、树立正确的人才观 [6]

集聚人才的方法和政策有很多，但前提是要结合东营市的现实发展情况，顺应发展需要，树立正确的人才观。因此，东营市应根据本市发展需要挖掘中医药创新人才，东营市胜利医院应结合医院发展需要引进真正适合医院发展的经验与潜在能力集聚一身的人才。不仅要看到引进的人才带来的短期效益，还要看人才的长期发展方向，并培养其成为医院未来发展的中流砥柱，推动胜利医院的发展。同时，应该纠正之前只注重人才引进，不重视人才留用的旧观念。

参考文献

[1] 刘红梅，张超楠．人才定义的演变与发展 [J].教育教学论坛，2019（38）：66-67.

[2] 黄丽雪，唐红珍，陈先翰，夏猛，谭毅．我国中医药创新型人才的现状及未来发展方向 [J].中国临床新医学，2012，5（6）：577-580.

[3] 牛素珍，阎聚峰，牛彦平，李秀梅．中医药创新人才培养之探索 [J].河北中医药学报，2007（4）：44-45.

[4] 张其成．中医里面的国学 [N].光明日报，2013-07-01（015）.

[5] 张波．高层次人才集聚模式：浦东的实践与思考 [J].北京交通大学学报（社会科学版），2017，16（1）：70-77.

[6] 徐姗姗．关于对人才集聚效应的思考 [J].辽宁经济，2020（7）：50-51.

[7] 国家卫健委、国家中医药管理局．关于在医疗联合体建设中加强中医药工作的通知 [N].中国中医药报，2019（7）.

[8] 国家中医药管理局．中医药人才发展"十三五"规划 [N].中国中医药报，2017（7）.

[9] 山东省委、省政府．关于促进中医药传承创新发展的若干政策 [N].中国中医 2020（11）.

[10] 许志程，张健，罗明薇，高云飞．中医药文化传承与创新型人才培养研究 [J].经济研究导刊，2016（9）：131.

[11] 孙建中．论中医药文化的传承与创新型人才培养 [J].中医学报，2014，29（10）：1457-1458.

[12] 东营市政府．东营市实施"才聚东营"行动 打造新时代区域性人才集聚高地 [N].东营日报，2021-1-15.

[13] 邵屹婷．集聚人才，重"引"更重"留" [J].人力资源，2021（01）：104-106.

[14] 国家中医药管理局．第四批全国中医（西学中）优秀人才研修项目实施方案 [N].中国中医药报，2019（03）.

[15] 李欣．医者当有爱 怀仁济苍生：东营市中医院（东营市胜利医院）改善医疗服务纪实 [N].健康报，2021（01）.

[16] 东营市委、市政府．中共东营市委关于制定东营市国民经济和社会发展第十四个五年规划和二〇三五年远景目标的建议 [N].东营日报，2020（12）.

[17] 霍丽霞，王阳，魏巍．中国科技人才集聚研究 [J].首都经济贸易大学学报，2019，21（5）：13-21.

[18] 谷丽艳，王莹，王洁明，曹媛，冷雪．融合发展型中医药人才培养模式的构建 [J].

卫生职业教育，2019，37（13）：1-2.

[19] 姚鹏宇 . 发展基层中医药事业　如何做好人才引进 [N]. 中国中医药报，2020（12）.

[20] 岳秋玲 . 加强医院人才队伍建设促进医院可持续发展 [J]. 中国卫生事业管理，2007（05）：307-309.

附 录

访谈提纲（医护人员版）

您好！

非常感谢您在百忙之中接受此次访谈。我叫高珊，来自山东中医药大学，是本院精神科实习生，目前正在做"关于中医药创新人才集聚的影响因素研究"，旨在探索规律，研究结果为医院开展人才管理工作提供参考。

这是一个开放性的访谈，请您谈一下自己的真实想法，答案仅用于本次研究，回答没有对错之分。在研究报告中用到您的答案时会进行匿名处理，不经您的允许不会透露您的个人信息。本次访谈时间 15~20 分钟。

针对我刚才的介绍您有什么疑问吗？为了全面、准确地记录和分析，请问可以对我们的访谈进行录音吗？（获得许可，录音；反之，不录音）

1. 您认为中医药创新人才具有哪些特点？

2. 咱们医院推行了哪些吸引中医药创新人才的政策？

3. 大家如何评价这些政策？

4. 您是因何原因来咱医院就职的？

5. 您对现在的工作满意吗？譬如薪资标准、管理制度、同事相处等方面。

6. 您对医院的发展前景有何期待？

7. 鉴于东营石油的开采频繁，部分人口的迁出，您是否也有过想离开胜利医院、离开东营市、到大城市发展的想法？

8. 您下班的时候有什么安排？觉得东营这些设施是否齐全完善？

9. 您对东营这座城市有怎样的评价？

10. 您认为中医药文化具有哪些特点？

11. 对于中医药文化的发展前景您有何见解？

12. 您对"西学中"政策及其实施前景有什么见解？

13. 您平时怎样学习中医药文化？

14. 您还有哪些内容需要补充？

再次感谢您抽出宝贵时间帮助我开展研究！祝您工作顺利，生活愉快！

访谈提纲（医院管理层版）

您好！

非常感谢您在百忙之中接受此次访谈。我叫高珊，来自山东中医药大学，是本院精神科实习生，目前正在做"关于中医药创新人才集聚的影响因素研究"，旨在探索规律，研究结果为医院开展人才管理工作提供参考。

这是一个开放性的访谈，请您谈一下自己的真实想法，答案仅用于本次研究，回答没有对错之分。在研究报告中用到您的答案时会进行匿名处理，不经您的允许不会透露您的个人信息。本次访谈时间大概 30 分钟。

针对我刚才的介绍您有什么疑问吗？为了全面、准确地记录和分析，请问可以对我们的访谈进行录音吗？（获得许可，录音；反之，不录音）

1. 您认为中医药创新人才具有哪些特点？

2. 咱们医院推行了哪些吸引中医药创新人才的政策？

3. 您觉得咱医院吸引中医药创新人才的有利因素和不利因素分别有哪些？

4. 今后在吸引人才的政策上可能会有哪些调整？

5. 对于留住的人才，咱们医院有何培养方案？薪资标准和管理制度上有创新吗？

6. 对于中医药文化的发展前景您有何见解？

7. 您对"西学中"政策及其实施前景有什么见解？

8. 您认为有哪些措施可以促进在职医护人员学习中医药文化？

9. 您还有哪些内容需要补充？

第二章　创新人才的职业倦怠

第一节　正念水平、心理资本对职业倦怠的影响

职业倦怠问题已成为社会关注的焦点问题，而国家对中医药人才愈加重视也使得对该类人群的研究变得越来越重要。本研究关注研究正念水平对中医药人才职业倦怠的影响，并探索心理资本在其中的中介作用。通过对中医药人才进行问卷调查，最终回收 262 份有效问卷，使用 SPSS20.0 统计软件对问卷进行了描述性统计分析、皮尔逊相关分析、回归分析、中介作用分析，结果表明：中医药人才在正念水平、心理资本水平和职业倦怠三个水平上处于中等偏上水平，且三个变量的标准差都较大，三者总体存在较大差异；正念水平显著正向影响职业倦怠水平（r=-0.168，$p < 0.01$），正念水平与心理资本水平也有着显著的正向相关关系（r=0.223，$p < 0.01$），心理资本水平也显著负向影响着职业倦怠水平（r=-0.151，$p < 0.05$）。且正念水平、心理资本和职业倦怠两两之间可以互相满足回归方程，可以说明具有一定的预测作用，同时经过中介作用验证，发现心理资本在正念水平和职业倦怠之间存在着部分中介作用。结论：研究证实了心理资本在正念水平和职业倦怠感之间起部分中介作用，对中医药人才的心理健康的保证和调整有重要意义。

一、前言

（一）正念水平

"正念水平"这一说法起源于东方哲学，最早作为佛教禅学里的一部分内容，随后被学者进行研究，其概念是指个体以一种接受的态度对当下状态的觉知和注意 [1]，也被定义为有目的的、非评价的将注意力安住在当下每时每刻的觉察 [2]。目前对正念进行训练的方法主要有开放监控式冥想，来进行自我调节，提高个人的自我觉知和注意的水平，从而提高个人的正念水平，减轻负性情绪 [3]。在中医的培养与发展领域，也有包括正念在内的禅学思想，影响着中医药人才的医学道路发展与学习研究发展 [4]。因此，我国的许多学者也对正念开展了一系列的研究，如王玉正（2015）等人在研究中发现，经过正念训练提高了

正念水平的人也增强了其对疼痛的接受程度[5]；而徐慰（2015）等人在长达8周的正念训练研究中也发现，利用正念训练在提高正念水平的同时也可以降低人的负性情绪[6]。不仅如此，一些研究还发现正念水平还可以与自我效能感呈显著的正相关[7]，而自我效能感则属于心理资本的四个维度之一，进而就有研究者发现，正念水平确实与心理资本的程度呈正相关关系，在国内的一些研究中就可以发现，正念水平与职业倦怠的几个维度之间的相关都显著。例如鲁芳（2019）在研究中发现正念和职业倦怠的情感衰竭和去人性化维度的时间主效应显著，正念水平高则会有更低的压力和焦虑水平[8]。让我们更清晰地了解了正念这一概念和它不可被忽视的作用。在一些研究中发现心理资本在职业倦怠和正念水平之间起到了中介的调节作用，也使得人们可以更鼓励使用正念训练的方法促进提高正念水平来进行职业倦怠感的降低，为解决急诊科护士的职业倦怠现状做出了宝贵的贡献。中医药人才作为医护人员，其职业倦怠的影响因素和解决方法亦亟待研究。

中医药人才作为中国传统文化和中医药继承和创新发展的重要力量，一直以来得到国家的重视，党的十九大报告提出，"坚持中西医并重，传承发展中医药事业"。中医药事业的必然发展，也意味着对中医药人才的高度重视[9]。国家颁布《国务院关于扶持和促进中医药事业发展的若干意见》并实施，也促进了我国中医药事业的发展，拓展壮大了中医药人才。此外，随着国家改革的深入和发展，中医药人才在培养和发展的过程中也遇到了一些阻碍[10]，有关中医药人才的心理健康问题也已经不容小觑。

医药类人才长期处在高强度工作与休息制度不合理的工作状态下，人文环境与工作环境的长期压迫会使人更易处于高度紧张的应激状态，长期处于这种不良的心理状态会导致压力的增高，压力的增高则会使人在工作中的倦怠感增强，从而导致职业倦怠综合征[11]。仅据知网学术期刊统计，有关压力与职业倦怠的文献达到2876篇，其中以医药类人才职业倦怠为主题的仅有345篇，以职业倦怠为主题的有1628篇，但有关中医药人才的职业倦怠研究在知网中仅有16篇。中医药人才不仅作为医药类人才的一部分，还作为目前国家重视的群体，对其的研究却很稀缺，因此开展对中医药人才心理健康的研究不仅对我们更好地理解、更好地发展这类人群具有重要的意义，还已经成为社会发展的一大需要。

中医药文化中有着丰富的"治神""医心"的内容，其中"医心"与正念正是同源位于禅修之列[4]，因此根据以上文献研究，提出以下假设：

H1：正念水平对中医药人才的职业倦怠水平有着显著的负向影响。

（二）心理资本

源于经济学领域的"心理资本"，随着积极心理学的学者对其进行探究，Luthans等人认为心理资本不仅仅是普通单一的心理状态，更倾向于心理资本是一个综合体，包含自我效能感、希望、乐观、坚韧等方面，也列入了积极心理学的范畴，进而成为心理的一个维度，它作为一种类状态积极心理能量，影响着职业倦怠的水平[12]。当然，不仅是职业倦怠的水平，在张燕（2019）对急诊科护士的研究中，将心理资本对职业倦怠造成的影响作为中介效应，发现正念水平和心理资本之间也存在正向的显著性影响[13]。我们可以发现心理资本不仅可以作为影响职业倦怠水平的一个单一因素，也可以作为中介效应在两因素之间起到作用。更有王婕（2019）的研究中得出正念水平对心理资本的直接效应为 0.60，心理资本在正念和主观幸福感之间起着完全中介的作用[14]。上面也提到，有研究发现，正念水平与属于心理资本四维度之一的自我效能感有着显著的正相关关系，这也进一步让研究者更加确定正念水平与心理资本程度的正向关系。因此，根据以上文献研究，提出以下假设：

H2：正念水平对中医药人才的心理资本水平有着显著的正向影响。

（三）职业倦怠

20 世纪 70 年代，心理学家 Maslach 正式使用"职业倦怠"一词，并系统地说明了职业倦怠的相关症状，展开了一系列与职业倦怠相关的研究，形成了相应的理论体系[15]。直到 21 世纪，我国学者也开始纷纷研究职业倦怠相关的问题，我国学者李永鑫将职业倦怠定义为，"在以人为服务对象的职业领域中，个体的一种情感耗竭、人格解体和个人成就感降级的症状"[15]，并从情绪衰竭、玩世不恭以及成就感低落三个维度去分析研究。在目前许多员工纷纷出现了消极怠工和情绪低落等现象的现状下，职业倦怠危害着社会组成的方方面面，我国学者梁艳（2013）发现职业倦怠对员工个体和该员工组织的职业幸福感有着负面的影响[16]。不仅如此，我国学者马志国（2019）发现职业倦怠还会显著负向影响家庭功能，对家庭造成不良影响[17]，职业倦怠的危害让它成为急需被解决的一大难题。

据蔡笑伦（2019）的研究，心理资本对职业倦怠情感耗竭、人格解体和个人成就感降低三个维度在个人、组织和家庭的三个层面上都有着显著的影响，且心理资本还可以一定程度上对职业倦怠的三个维度做出预测，通过维护心理资本水平可以显著降低职业倦怠三个维度，即情绪枯竭、玩世不恭、低自我成就感上的水平[15]。汪明、王梦娇（2015）在对中小学教师的研究中也发现，心理资本与职业倦怠之间呈负相关，心理资本可以影响教师职业倦怠的水平，其心理资本水平越高，则职业倦怠水平越低[18]。张燕（2019）等对急诊科护士的职业倦怠研究结论也发现提高心理弹性（心理资本）也可以影响急诊科护士的职业倦怠感[13]。因此根据以上文献研究，提出以下假设：

H3：心理资本对中医药人才的职业倦怠水平有着显著的负向影响。

综上，本研究选用基于积极心理学的心理资本、正念以及职业倦怠三个概念，采用问卷调查的方式，对中医药类人才进行调查，探讨正念水平对现阶段中医药人才的职业倦怠的影响机制，关注个体的自我效能感、希望、乐观、坚韧等方面，即同时关注心理资本在其中所产生的影响，是否有调节作用。为解决或缓解中医药人才的职业倦怠状况提供参考建议，并进而提出以下假设：

H4：心理资本在中医药人才的正念水平与职业倦怠之间起着部分中介作用。

理论模型如下：

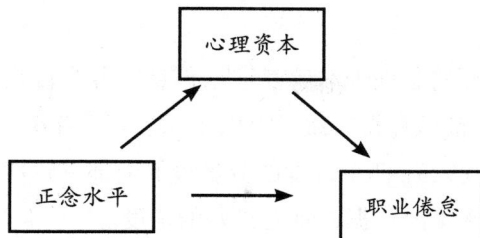

图 2.1.1 三变量关系假设图

二、研究方法

（一）研究样本

采用随机抽样的方式在网络上对中医药人才进行问卷调查，运用在互联网上随机发放问卷的方式进行问卷的发放，共收回问卷 268 份，其中保留有效问卷 262 份，有效率为 97%。其中男性样本 126 份，女性样本 136 份。研究样本具体表格如下：

表 2.1.1 人口变量描述性统计

项目	类别	频率	百分比
性别	男	126	48.9%
	女	136	51.91%
学历	专科、高中及以下	17	6.49%
	本科	175	55.79%
	硕士	35	13.36%
	博士	35	13.36%
工作年限	1 年以内	111	42.37%
	2~3 年	66	25.19%
	3~5 年	43	16.41%
	5~10 年	23	8.78%
	10 年以上	19	7.25%
职称	住院医师	122	46.56%
	主治医师	64	24.43%
	副主任医师	52	19.85%
	主任医师	24	9.16%
Total		262	100%

（二）研究工具

1. 正念注意知觉量表

采用陈思伕、崔红等（2012）修订的正念注意觉知量表（MAAS）[19]，该量表共 15 个条目，被试在每个条目上以 1 "总是" 到 6 "绝不" 进行 6 点评分，均为反向计分。以总分高低作为正念水平的依据。该量表的内部一致性系数为 0.87，具有良好的信度。

2. 心理资本量表

采用骆宏、赫中华修订的心理资本量表[20]，该量表分为自我效能、希望、韧性和乐观四个维度，共 20 个条目，被试在每个条目上以 1 "总是"到 6 "绝不"进行 6 点评分，该量表的内部一致性系数为 0.923，四个维度的分量表的内部一致性系数在 0.718~0.890 之间，以总分高低作为心理资本水平的依据，具有良好的信度。

3. 职业倦怠量表

采用李超平（2003）编制的职业倦怠量表，该量表分为情绪衰竭、玩世不恭和成就感低落三个维度，共 16 个条目，被试在每个条目上以 1 "总是"到 6 "绝不"进行 6 点评分，以总分高低作为职业倦怠水平的依据，该量表情绪衰竭、玩世不恭和成就感低落三个维度的内部一致性系数分别为 0.88、0.83 和 0.82，具有良好的信度[21]。

（三）研究技术

采用 Spss20.0、Excel 对原始数据进行描述性统计处理和分析，运用皮尔逊相关分析考察正念水平、心理资本和职业倦怠程度的相关关系，并运用 SPSS 软件中的 process 插件对数据进行回归分析，检验心理资本在中医药人才正念水平和职业倦怠程度之间的中介作用。

三、结果与分析

本研究运用正念注意知觉量表、心理资本量表、职业倦怠量表三个量表，采用网上发布问卷的方式对中医药类人才、工作者进行调查测量，在电子问卷前表明了详细的指导语与保密原则。

本研究运用 SPSS 统计软件及其中的 process 插件、Excel 表格对数据进行了分析统计，得出结果如下。

（一）正念水平、心理资本和职业倦怠程度的总体情况

运用 Excel 对数据进行了处理，三个变量的总体情况如下表：

表 2.1.2　三变量均值标准差统计表

	均值	标准差
正念水平	66.61	6.71
心理资本	70.59	20.38
职业倦怠	53.39	5.21

1. 正念水平的总体情况

在正念水平量表的计分中，得分越高表示正念水平越高。通过对中医药人才的正念水

平的描述性统计结果分析，由表 2.1.1 可以看出，中医药人才正念水平的平均分为 66.61 分，说明中医药人才总体的正念水平属中等偏上，符合中医药人才在培养过程中所必须学习的禅学等学习内容的情况，其中正念水平的最小值为 41 分，最大值为 85 分，标准差为 6.71，因此，中医药人才的正念水平存在较大差异，还需多关注中医药人才在培养时的方法问题。

2. 心理资本水平的总体情况

在心理资本量表的计分中，得分越高表示心理资本水平越高。通过对中医药人才的心理资本水平的描述性统计结果分析，由表 2.1.1 可以看出，中医药人才心理资本的平均分为 70.59 分，说明中医药人才心理资本水平整体处于中等偏上水平，其中心理资本水平的最小值为 38 分，最大值为 120 分，标准差为 20.38，说明浮动较大。因此，中医药人才的心理资本水平存在较大差异，还需要积极地去解决中医药人才在心理资本水平上的问题。

3. 职业倦怠水平的总体情况

在职业倦怠量表计分中，得分越高表示职业倦怠越高。通过对中医药人才的职业倦怠的描述性统计结果分析，由表 2.1.1 可以看出，中医药人才职业倦怠的平均分为 53.39 分，说明中医药人才职业倦怠水平整体处于中等偏上水平，可以看出中医药人才在职业倦怠的问题上已经存在问题且亟待解决。其中职业倦怠的最小值为 42 分，最大值为 71 分，标准差为 5.21，因此，中医药人才的职业倦怠水平存在较大差异，需要关注中医药人才出现职业倦怠的问题并尽可能地去采取措施进行解决。

（二）三变量之间的相关关系分析

采用皮尔逊相关关系及双侧检验的方式，运用 SPSS 统计软件对三个变量两两之间的相关关系进行了统计，统计结果如下：

表 2.1.3　三个变量之间的相关关系矩阵

变量	正念水平	心理资本	职业倦怠
正念水平	1		
心理资本	0.223**	1	
职业倦怠	-0.168**	-0.151*	1

注：*P < 0.05，**P < 0.01（下同）

1. 正念水平与心理资本水平的相关关系研究

由表 2.1.3 可以看出正念水平与心理资本水平之间的 P=0.223**，说明正念水平与心理资本水平之间在 0.01 显著性水平上呈现显著的正向相关关系。

2. 正念水平与职业倦怠水平的相关关系研究

由表 2.1.3 可以看出正念水平与职业倦怠水平之间的 P=-0.168**，说明正念水平与职业倦怠水平之间在 0.01 显著性水平上呈现显著的负向相关关系。

3. 心理资本水平与职业倦怠水平的相关关系研究

由表 2.1.3 可以看出心理资本水平与职业倦怠水平之间的 P=-0.151*，说明心理资本水平与职业倦怠水平之间在 0.05 显著性水平上呈现显著的负向相关关系。

（三）各因素之间的回归分析

1. 正念水平对心理资本水平的回归分析

表 2.1.4　正念水平对心理资本水平的回归分析

自变量	R	R^2	B	β	T	Sig.
常量			25.490		2.073	0.039
正念水平	0.223a	0.046	0.667	0.223	3.687	0.000
F	13.954**					

a. 预测变量：（常量）正念水平　b. 因变量：心理资本水平

由表 2.1.4 可以看出，正念水平进入心理资本水平的回归方程（β=0.223，p < 0.01），证明正念水平和心理资本水平之间存在显著的线性关系，说明正念水平对心理资本水平具有显著影响，且通过 F 值检验得到的结果显著（F=13.954，p < 0.01）；也说明了该模型的拟合度较好，即正念水平可以对心理资本水平的高低具有一定的预测作用。

2. 正念水平对职业倦怠水平的回归分析

表 2.1.5　正念水平对职业倦怠水平的回归分析

自变量	R	R^2	B	β	T	Sig.
常量			62.120		19.413	0.000
正念水平	0.168a	0.024	-0.131	-0.168	-2.740	0.013
F	7.506**					

a. 预测变量：（常量）正念水平　b. 因变量：职业倦怠水平

由表 2.1.5 可以看出，正念水平进入职业倦怠水平的回归方程（β=-0.168，p < 0.01），证明正念水平和职业倦怠水平之间存在着较为显著的线性关系，说明正念水平对职业倦怠水平具有显著影响，且通过 F 值检验得到的结果显著（F=7.506，p < 0.01），也说明了该模型的拟合度较好，即正念水平可以对职业倦怠水平的高低具有一定的预测作用。

3. 心理资本对职业倦怠水平的回归分析

表 2.1.6　心理资本对职业倦怠水平的回归分析

自变量	R	R^2	B	β	T	Sig.
常量			56.138		48.432	0.000
心理资本	0.151a	0.019	-0.039	-0.151	-2.461	0.015
F	6.055*					

a. 预测变量：（常量）心理资本　b. 因变量：职业倦怠水平

由表 2.1.6 可以看出，心理资本水平进入职业倦怠水平的回归方程（β=-0.151，p < 0.05），证明心理资本水平和职业倦怠水平之间存在着较为显著的线性关系，说明心理资本水平对职业倦怠水平具有显著影响，且通过 F 值检验得到的结果显著（F=6.055，

$p < 0.05$），也说明了该模型的拟合度较好，即心理资本水平对职业倦怠水平的高低具有一定的预测作用。

（四）心理资本的中介效应检验

使用 Bootstrap 算法对心理资本的中介效应进行检验分析，具体结果如下：

表 2.1.7　心理资本在正念水平和职业倦怠水平之间的中介作用模型检验

		β	SE	T	95% 置信区间		R²	F
					LLCI	ULCI		
心理资本	常数	25.492	12.295	2.073*	1.279	49.702	0.050	13.593**
	正念水平	0.677	0.184	3.687**	0.315	1.039		
职业倦怠	常数	62.903	3.210	19.597**	56.583	69.224	0.042	5.624**
	心理资本	-0.031	0.016	-1.914*	-0.062	0.001		
	正念水平	-0.110	0.045	-2.258*	-0.206	-0.014		
职业倦怠	常数	62.120	3.110	19.413**	55.819	62.421	0.028	7.506**
	正念水平	-0.131	0.048	-2.740*	-0.225	-0.037		

由表 2.1.7 可以得出从正念水平到心理资本路径的回归方程：

心理资本 =25.492+0.667* 正念水平

该方程具有统计学意义（$p < 0.01$），正念水平到心理资本的回归系数为 0.677，在 $p < 0.01$ 的水平上显著。

再由表 2.1.7 得出，正念水平、心理资本到职业倦怠路径的回归方程如下：

职业倦怠 =62.903+（-0.110）* 正念水平 +（-0.031）* 心理资本

可知该方程有统计学意义（$p < 0.05$），其中心理资本偏回归系数 =-0.031，在 $p < 0.05$ 的水平上显著；正念水平偏回归系数 =-0.110，在 $p < 0.05$ 的水平上显著。

因此可以看出心理资本在正念水平和职业倦怠之间起到了部分中介作用，这一结果为验证假设 H4 提供了支持。

由此可以看出正念水平可以直接预测职业倦怠的程度，而心理资本可以发挥部分中介作用，其中直接效应（-0.110）占总效应的 84.05%，中介效应（-0.021）占总效应的 15.88%，具体统计结果如表 2.1.8，三者路径关系图如图 2.1.2 所示。

表 2.1.8　总效应、直接效应及间接效应分解表

	Effect	Boot SE	T	P	95% 置信区间	
					LLCI	ULCI
总效应	-0.131	0.048	-2.740	0.007	-0.225	-0.037
直接效应	-0.110	0.049	-2.258	0.025	-0.206	-0.014
间接效应	-0.021	0.012			-0.048	-0.001

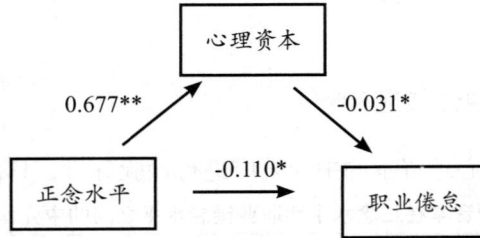

图 2.1.2　中医药人才正念水平、职业倦怠水平和心理资本水平的路径关系图

四、研究结论

本节通过对网络电子问卷所反馈的数据进行了描述性统计分析、相关性分析、回归分析和中介效应分析之后，验证了前文中所提出的假设，结果如下：

本节所做出的结果，使 H1 假设（正念水平对中医药人才的职业倦怠水平有着显著的负向影响）、H2 假设（正念水平对中医药人才的心理资本水平有着显著的正向影响）、H3 假设（心理资本对中医药人才的职业倦怠有着显著的负向影响）、H4 假设（心理资本在中医药人才的正念水平与职业倦怠之间起着部分中介作用）均给予了支持性验证，结果一览表如下：

表 2.1.9　研究结论

研究假设	检验结果
H1：正念水平对中医药人才的职业倦怠水平有着显著的负向影响	支持
H2：正念水平对中医药人才的心理资本水平有着显著的正向影响	支持
H3：心理资本对中医药人才的职业倦怠水平有着显著的负向影响	支持
H4：心理资本在中医药人才正念水平与职业倦怠之间起着部分中介作用	支持

五、讨论

（一）各因素之间的相关分析

本研究证实，正念水平与心理资本之间为显著正相关，与职业倦怠水平呈现显著的负相关。这一发现也与现有的文献匹配一致，正念水平越高，则会在一定程度上缓解职业倦怠的程度[22-25]，并且心理资本的水平也会被提高[13-14]。这也同时说明，高正念水平的中医药人才也具有更高的自我觉知和注意水平，拥有更高的自我效能感，这一发现也与申传刚等（2020）的研究中所发现的高正念水平可以有效提升个体的思维情绪以及行为、生理反应的自我调节能力[27]相对应，进而高正念水平的中医药人才可以通过进行自我的调节，拥有较高的心理资本水平，能够更加从容地面对工作与研究中的压力和突发事件，从而降低自我职业倦怠感。

心理资本水平与职业倦怠的水平也呈现着显著的负向相关关系，这一研究结论也与前人的研究相匹配，即心理资本水平高的个体往往促成有较低水平的职业倦怠感的个体[15-18]，具有高心理资本水平的中医药人才，在自我效能感、希望、乐观和坚韧等组成心理资本这一综合体的这些维度上都有着较高的水平，这种高的心理资本可以使自我心理接触内在冲突，合理接纳自我，降低职业的倦怠感，拥有较低的职业倦怠水平。

（二）各因素之间的回归分析

根据表 2.1.7、表 2.1.8 和表 2.1.9 可以看出，正念水平与心理资本、正念水平与职业倦怠、心理资本与职业倦怠都存在着较为显著的线性关系，且同时模型的拟合度较好，说明三个变量两两之间可以进行预测，假设可以得到验证。

（三）心理资本在正念水平与职业倦怠感之间的中介作用

研究结果显示，中医药人才的正念水平和心理资本水平有着显著的正向关系，正念水平和职业倦怠水平有着显著的负向相关关系，心理资本水平和职业倦怠水平有着显著的负向相关关系，在此基础上进行了回归分析并进行了中介效应的检验，得出心理资本水平在正念水平和职业倦怠水平之间起到了部分中介作用的结论。

根据当今现状，中医药人才的职业倦怠程度处于中等偏上的水平，在进行中医研究和学习的过程中，对正念的学习是一个必经之路，而正念也可以一定程度地显著影响中医药人才心理资本的水平，心理资本、正念水平与职业倦怠三个因素两两之间相关关系显著，根据表 2.1.9 和表 2.1.10，心理资本在正念水平与职业倦怠之间的中介作用达到了显著水平，这与前人的研究结果一致。例如在徐智华等（2017）的研究中，也得出心理资本在组织支持和职业倦怠感中呈现着完全的中介作用的结论[26]。

（四）对中医药人才管理工作的启示

基于本研究发现中医药人才的职业倦怠平均得分为 53.39，处于中上水平，中医药人才作为我国现今强调重视的群体[27]，服务于患者，为社会做出极大贡献，促进中医药人才降低职业倦怠感，促使中医药行业进步刻不容缓。而根据研究结论，可以通过提高正念水平来提高中医药人才的心理资本这一措施，来降低中医药人才的职业倦怠感，启发我国在中医药人才的培养过程中，能够通过改善中医药人才的正念水平和心理资本水平来改善中医药人才职业倦怠的现状。

庞娇艳等在 2010 年研究发现，经过正念训练的人正念水平有明显的提高[24]，而王玉正等人（2017）研究中发现通过短期的冥想训练也可以使正念水平有所提高[3]，则启发医院或中医药相关行业可以通过进行正念训练以及短期冥想训练来提高中医药人才的正念水平，可以让中医药人才以更加良好的心理状态来面对中医药相关工作和研究。

根据心理资本水平给予我们的启示，也可以通过实行弹性工作制度，使中医药人才在进行工作和研究的过程中有更好的获得感，从而提升心理资本水平，来减少职业倦怠感，以更加饱满的状态面对工作与研究中的挑战和压力。

六、研究的不足及展望

本研究立足于中医药人才，选用正念水平作为的研究变量，但关于正念的研究国内起步仍较晚，在理论和技术层面仍有较多的进步和提升空间，所提供的正念测量工具还需要相关研究者进行引进或者开发信效度更高的量表。

本研究由于疫情期间展开线下调查较为困难，采用了线上问卷调查的方式，且使用了通用型量表，不能体现中医药人才这一特殊职业。

心理资本与职业倦怠之间的相关属于低相关，仅在 0.05 的显著性水平上呈现显著，而在本研究中介效应的检验中，心理资本到职业倦怠之间的置信区间中包含 0，说明路径并不唯一，中间还有其他因素带来影响，具体内在影响机制还可以继续研究。

参考文献

[1] 段文杰 . 正念研究的分歧：概念与测量 [J]. 心理科学进展，2014，22（10）：1616-1627.

[2] 申传刚，杨璟，胡三嫚，何培旭，李小新 . 辱虐管理的应对及预防：正念的自我调节作用 [J]. 心理科学进展，2020，28（2）：220-229.

[3] 王玉正，罗非 . 短期冥想训练研究进展、问题及展望 [J]. 中国临床心理学杂志，2017，25（6）：1184-1190.

[4] 叶阳舸，李兆健 . 试述禅在中医心理治疗中的运用 [J]. 中医文献杂志，2020，38（3）：81-84.

[5] 王玉正，刘欣，徐慰，刘兴华 . 正念训练提升参与者对疼痛的接纳程度 [J]. 中国临床心理学杂志，2015，23（3）：567-570.

[6] 徐慰，王玉正，刘兴华 .8 周正念训练对负性情绪的改善效果 [J]. 中国心理卫生杂志，2015，29（7）：497-502.

[7] 唐楠 . 汉中地区基层医务人员隐性缺勤与正念水平的相关性研究 [D]. 吉林大学，2017.

[8] 鲁芳 . 正念干预对 ICU 护士心理健康和职业倦怠的影响 [D]. 中国人民解放军陆军军医大学，2019.

[9] 习近平 . 决胜全面建成小康社会 夺取新时代中国特色社会主义伟大胜利：在中国共产党第十九次全国代表大会上的报告 [J]. 中国经济周刊，2017（42）：68-96.

[10] 刘甦 . 国家中医药管理局印发《中医药人才发展 "十三五" 规划》[J]. 中医药管理杂志，2017，25（3）：189.

[11]Arnold B.Bakker，Evangelia Demerouti.The Job Demands-Resources model：state of the art[J].Journal of Managerial Psychology，2007，22（3）.

[12] 张阔，张赛，董颖红 . 积极心理资本：测量及其与心理健康的关系 [J]. 心理与行为研究，2010，8（1）：58-64.

[13] 张燕，王爱红，崔静，李姝 . 急诊科护士正念度与心理弹性和职业倦怠的相关性分析 [J]. 基因组学与应用生物学，2019，38（5）：2349-2354.

[14] 王婕 . 正念减压训练对精神科护士主观幸福感的干预研究：心理资本的中介作用 [D]. 山西医科大学，2019.

[15] 蔡笑伦 . 多维视角下心理资本对职业倦怠的影响机理研究 [D]. 北京交通大学，2019.

[16] 梁艳 . 企业管理者职业倦怠与组织公民行为的关系研究 [D]. 山东大学，2013.

[17] 马志国 . 别让职业倦怠"倦怠"了家 [J]. 家庭医学，2019（10）：42-43.

[18] 汪明，全景月，王梦娇，殷向荣 . 中小学教师心理资本与教师职业倦怠关系研究 [J]. 基础教育，2015，12（2）：60-71.

[19] 陈思佚，崔红，周仁来，贾艳艳 . 正念注意觉知量表（MAAS）的修订及信效度检验 [J]. 中国临床心理学杂志，2012，20（2）：148-151.

[20] 骆宏，赫中华 . 心理资本问卷在护士群体中应用的信效度分析 [J]. 中华行为医学与脑科学杂志，2010（9）：853-854.

[21] 汪炳琳，刘云，宁南义，孙亚军，巴莉，刘红 . 医务人员职业倦怠与职业满意度调查 [J]. 临床精神医学杂志，2011，21（4）：236-239.

[22] 张丽华，向莉，邓先锋，刘莉，邓桂萍，刘晶 . 正念减压干预对急诊护士职业倦怠的影响 [J]. 护理研究，2015，29（8）：954-956.

[23] 武雅学，周婷，方玮联，黄峥 . 正念压力管理短训课程改善精神科护理人员职业倦怠的效果 [J]. 中国心理卫生杂志，2021，35（4）：284-289.

[24] 庞娇艳，柏涌海，唐晓晨，罗劲 . 正念减压疗法在护士职业倦怠干预中的应用 [J]. 心理科学进展，2010，18（10）：1529-1536.

[25] 文静，余梅，潘爱红，于卫华，何蕾 . 职场正念对抗击新冠肺炎一线护士职业倦怠感和心理应激的影响 [J]. 中国护理管理，2020，20（11）：1671-1674.

[26] 徐智华，刘军，朱彩弟 . 组织支持感对职业倦怠的影响：心理资本的中介作用 [J]. 现代管理科学，2017（7）：9-11.

[27] 申传刚，杨璟，胡三嫚，何培旭，李小新 . 辱虐管理的应对及预防：正念的自我调节作用 [J]. 心理科学进展，2020，28（2）：220-229.

第二节　主观幸福感、心理弹性对职业倦怠的影响

本节主要探讨中医药人才心理弹性、职业倦怠和主观幸福感的关系。方法：采用问卷调查法，以中医药人才为研究对象，采用心理弹性量表简化版量表、Maslach 职业倦怠调查普适量表、总体幸福感量表调查研究对象的心理弹性、职业倦怠和 SWB 情况。结果：中医药人才职业倦怠总分与主观幸福感总分呈负相关；心理弹性总分与主观幸福感总分呈正相关；职业倦怠总分与心理弹性总分呈负相关。心理弹性在职业倦怠和主观幸福感间起调节作用。结论：心理弹性有助于降低职业倦怠的发生，并对主观幸福感有积极影响；心理弹性在职业倦怠和主观幸福感间具有调节作用。

一、前言

（一）研究背景

近几年，中医药越来越显现出在医学行业的重要作用，尤其是在经历了新冠肺炎疫情之后，且从国家政策如《中医药人才发展"十三五"规划》等文件中可以看出国家近几年越发重视和支持中医药行业的发展，中医药人才的发展也同样得到重视[1]。因此，本节对中医药人才进行心理弹性、主观幸福感、职业倦怠的问卷调查，了解中医药人才心理弹性、主观幸福感、职业倦怠的现状，并分析心理弹性、主观幸福感和职业倦怠的关系。

（二）研究意义

1. 理论意义

通过查阅中国知网上的文献发现，目前国内研究主要关注中医药人才的职业倦怠，且未发现有关中医药人才心理弹性和主观幸福感的研究。国家相关政策也表明了对中医药人才培养的重视。因此本研究以中医药人才为被试，与当前国家政策相符合，能够拓展中医药人才的有关理论研究，对中医药的创新发展具有一定的理论意义，同时也能够丰富心理弹性以及主观幸福感的研究群体[2]。

2. 实践意义

该研究不仅可以让我们对医药人才的心理弹性、主观幸福感和职业倦怠的现状有更加清晰的认识，且探讨中医药人才的主观幸福感，有利于提高其工作积极性，促进其身心健康，加强人们对其职业发展和心理健康的关注；而且通过三者关系的分析可以对中医药人才的科学管理及发展发挥积极的作用。

二、文献综述

（一）主观幸福感

Diener 首次提出了主观幸福感，又称为总体幸福感，认为幸福感是个人认为自己现存的生活状态和理想状态一致的一种感受[2]。在中国知网检索时未发现有关中医药人才主观幸福感的文献，因中医与医护人员同属医学群体，故检索有关研究发现，陈婕的研究表明医护人员总体幸福感水平得分不低[3]，吴晓蓉的研究表明护士的主观幸福感水平较高，综上所述，医护人员主观幸福感为较高水平[4]。

（二）心理弹性

心理弹性的概念很宽泛，国内外学者对心理弹性的研究重点也各有不同，美国心理学会把心理弹性定义为个体面对生活逆境、创伤、悲痛、威胁或其他人生重大压力时的良好适应过程[5]。

通过在中国知网以心理弹性并含主观幸福感为关键词检索文献，共找到 152 篇文献，其中真正与医护人员相关的只有两篇，李大凤的研究表明提高心理弹性有助于提高主观幸福感[6]，丁馨娜的研究也表明心理弹性与主观幸福感呈正相关[7]。查阅有关其他群体的文献发现，对心理弹性与主观幸福感之间关系的研究结论也均存在正向相关关系。在参考以上文献的基础上提出以下假设：

H1：心理弹性与主观幸福感呈正相关。

（三）职业倦怠

职业倦怠又称为工作倦怠，在 1974 年首次被提出，职业倦怠到现在还没有统一的定义，目前国内研究普遍将工作倦怠界定为"在为人服务时，个体出现的一种情感衰竭、去人性化和低个人成就感的症状"[8]。国内外大量研究表明，医务人员的职业倦怠明显高于其他群体，通过英国医学会（DMA）对医务人员的调查可以看出，76% 的医务人员具有职业倦怠的现象，我国有关医护人员职业倦怠的调查结果也显示 90% 以上的医生存在不同程度的职业倦怠[9]。由上述可知，医生群体均存在不同程度的职业倦怠。

1. 心理弹性和职业倦怠

通过中国知网检索发现关于职业倦怠与心理弹性的研究共有 111 篇，剔除无效文献及其他群体，真正与医护人员有关的仅有 25 篇。其中，崔晟研究发现临床护士的心理弹性和职业倦怠呈负相关[10]。李华芳在以精神科护士为研究对象的研究中也得出了同样的结论，心理弹性升高，工作倦怠水平会相对降低[11]。因此根据以上参考文献提出下列假设：

H2：职业倦怠与心理弹性呈负相关。

2. 主观幸福感和职业倦怠

通过知网检索发现，我国有 146 篇关于工作倦怠与主观幸福感关系的文章，其中与医务人员有关的文章有 17 篇。徐芳芳研究发现监狱工作人员职业倦怠总分和总体幸福感总分的相关关系为负相关[12]，同样，朱君研究发现初中教师职业倦怠总分与主观幸福感总分呈负相关[13]。因此根据对文献的梳理提出以下假设：

H3：职业倦怠与主观幸福感呈负相关。

3. 心理弹性、主观幸福感和职业倦怠

在中国知网中检索对中医药人才有关三者的关系研究时发现，前人尚未对此进行研究，这也是本研究的创新点。研究主题较为接近的有方雄的文章以中小学教师为研究对象，研究发现职业倦怠、心理弹性、主观幸福感两两之间存在显著相关关系且职业倦怠通过心理弹性对主观幸福感产生间接影响，心理弹性在其中起中介作用[2]。徐芳芳研究却发现在三者关系中，心理弹性作为调节变量发挥作用[12]。综上，在三者关系中，心理弹性是作为中介变量还是调节变量，前人有不同的看法，而心理弹性作为一种重要的心理素质，能使中医药人才冷静应对日常工作中的困难，对减轻职业倦怠的程度、提升幸福感水平具有重要意义。因此在上述参考文献的基础上，对三者关系提出假设：

H4：心理弹性在主观幸福感和职业倦怠之间起调节作用。

根据上述研究假设绘制出理论模型，模型见下图。

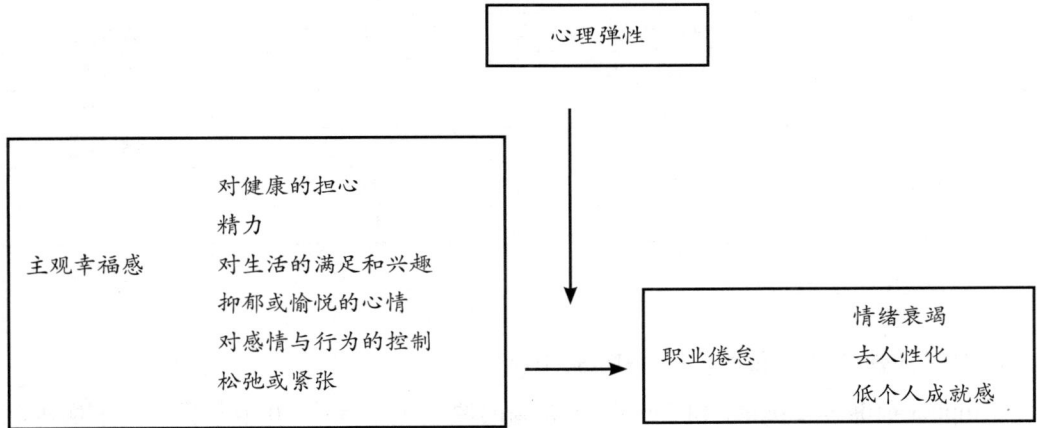

图 2.2.1　研究假设模型

三、研究设计

（一）研究被试

表 2.2.1 人口变量学特征以中医药人才为研究对象，通过线上及线下同时发放问卷的方式共回收问卷 250 份，剔除不符合标准的问卷后，有效问卷为 200 份，有效率为 80%。

表 2.2.1　人口学变量统计分析

变量	分类	数量	百分比
性别	男	144	57.60%
	女	106	42.40%
年龄段	18~25	41	16.40%
	26~30	75	30%
	31~40	89	35.60%
	41~50	34	13.60%
	51~60	8	3.20%
	61 以上	3	1.20%
职称	初级	79	31.60%
	中级	129	51.60%
	副高	24	9.60%
	正高	18	7.20%
婚姻状态	未婚	72	28.80%
	已婚	170	68%
	离异	8	3.20%
学历	本科	196	78.40%
	硕士	43	17.20%
	博士	11	4.40%
收入	0~3000	17	6.80%
	3000~6000	70	28%
	6000~9000	119	47.60%
	9000 以上	44	17.60%
工作年限	0~3	68	27.20%
	3~6	89	35.60%
	6~9	43	17.20%
	9 以上	50	20%

（二）研究工具

1. 心理弹性量表简化版（CD-RISC10）

Campbell-stlls 从 Connor 和 Davidson 编制的原量表中提取 10 个条目，由王丽等翻译修订后构成了 CD-RISC 的简化版，信度为 0.91[14]。评分等级为 5 级，总分 40 分，得分越高，说明个体的心理弹性水平越高。

2.Maslach 职业倦怠普适量表

MBI-GS 主要由 Michael Leiter 开发，经国内学者李超平[15]等翻译和修订后形成 15 个条目的中文版本，包括三个维度：情绪衰竭、去人性化和低个人成就感，总量表的信度系数为 0.87。评分等级为 7 级，条目得分的总和为量表得分。得分越高说明职业倦怠感程度越高。

3. 总体幸福感量表（SWB）

采用段建华[16]修订的总体幸福感量表（SWB），该量表包含对生活的满足和兴趣、对健康的担心、精力、抑郁或愉悦的心情、对感情和行为的控制、松弛或紧张共六个维度，信度为 0.873，计分等级为 11 级。总分越高说明其总体幸福感水平越高。

（三）数据处理

将有效问卷进行收集，利用 Excel 对问卷分数进行计分，然后通过 Spss22.0 对数据进行描述统计分析，对三者关系进行相关分析及调节效应检验等步骤。

四、研究结果

（一）中医药人才职业倦怠的基本现状

1. 中医药人才职业倦怠总体特点

通过 Spss 对中医药人才的职业倦怠得分进行分析，见表 2.2.2。

表 2.2.2　中医药人才职业倦怠各因素分析

	N	M	SD
情绪衰竭总分	200	3.483	1.288
去人性化总分	200	4.208	1.005
低个人成就感	200	3.614	0.960
职业倦怠	200	3.757	0.599
有效 N（成列）	200		

结果显示，表中平均值得分均处于 3~5 之间，职业倦怠较为显著。

2. 不同婚姻状态的中医药人才职业倦怠的比较

通过 Spss 对中医药人才的职业倦怠得分进行独立性样本 T 检验，分析其是否存在婚姻状态的差异。

表 2.2.3　不同婚姻状态的中医药人才职业倦怠的差异

		N	M	SD	t	Sig.
情绪衰竭	未婚	98	3.231	1.201	-2.767	0.006
	已婚	102	3.725	1.327		
去人性化	未婚	98	4.014	0.905	-2.725	0.007
	已婚	102	4.394	1.063		
低个人成就感	未婚	98	3.676	0.988	0.887	0.376
	已婚	102	3.555	0.933		
职业倦怠	未婚	98	3.631	0.548	-2.990	0.003
	已婚	102	3.878	0.623		

结果显示，中医药人才职业倦怠总分及情绪衰竭、去人性化维度在婚姻状态上有显著差异，且已婚职业倦怠水平高于未婚。

（二）中医药人才心理弹性的基本现状

1. 中医药人才心理弹性的总体特点

为了分析中医药人才心理弹性的总体特点，通过 Spss 对心理弹性得分进行统计。

表 2.2.4　中医药人才心理弹性分析

	N	M	SD
心理弹性总分	200	36.79	6.038
有效 N（成列）	200		

结果显示，心理弹性的得分为 14~47 分（36.79±6.038），心理弹性总体呈较高水平。

2. 不同收入的中医药人才心理弹性的比较

用 Spss 对中医药人才的心理弹性进行单因素方差分析，分析其是否存在收入差异。

表 2.2.5　不同收入的中医药人才心理弹性的差异

		N	M	SD	F	sig
心理弹性	0~3000	15	31.40	7.209	4.687	0.003
	3000~6000	56	36.84	6.196		
	6000~9000	91	37.34	5.600		
	9000 以上	38	37.55	5.471		

结果显示，中医药人才心理弹性在收入上有显著差异，随着收入增加，中医药人才心理弹性也随之提高。

（三）中医药人才主观幸福感的基本现状

1. 中医药人才主观幸福感的总体特点

为了分析中医药人才主观幸福感的总体特点，通过 Spss 对主观幸福感的得分进行统计。

表 2.2.6　中医药人才主观幸福感分析

	N	M	SD
对生活的满足和希望	200	5.83	1.902
对健康的担心	200	12.31	2.638
精力	200	16.89	2.883
抑郁或愉悦的心情	200	15.82	3.671
对情感和行为的控制	200	7.90	2.557
松弛或紧张	200	16.92	3.134
总体幸福感总分	200	75.67	8.415
有效 N（成列）	200		

结果显示，总体幸福感总分在 40~86 分（75.67±8.415），由表 2.2.6 可知，总体幸福

感总体呈较高水平。

2. 不同年龄段的中医药人才主观幸福感的比较

通过 Spss 对中医药人才的主观幸福感得分进行单因素方差分析，分析其是否存在年龄段的差异。

表 2.2.7 不同年龄段的中医药人才主观幸福感的差异

	N	M	SD	F	sig
18~25	32	13.88	3.139	3.89	0.01
26~30	57	16.44	3.454		
31~40	80	15.98	4.028		
41 以上	31	16.26	3.033		

结果显示，中医药人才主观幸福感在抑郁或愉悦的心情维度上存在年龄上的显著差异，其中 26~30 > 41 以上 > 31~40 > 18~25，26~30 岁的水平高于另外三个年龄段。

3. 不同职称的中医药人才主观幸福感的比较

通过 Spss 对中医药人才的主观幸福感得分进行单因素方差分析，分析其是否存在职称差异。

表 2.2.8 不同职称的中医药人才主观幸福感的差异

		N	M	SD	F	sig
精力	初级	63	16.54	3.383	3.489	0.017
	中级	100	17	2.594		
	副高	20	18.45	2.064		
	正高	17	15.65	2.668		
松弛或紧张	初级	63	16.4	2.992	3.716	0.012
	中级	100	16.88	2.893		
	副高	20	19	2.471		
	正高	17	16.65	4.676		

结果显示，总体幸福感在精力及松弛或紧张这两个维度上存在职称上的显著差异，副高职称的主观幸福感水平高于另外三个职称。

4. 不同收入的中医药人才主观幸福感的比较

为了分析不同收入的中医药人才主观幸福感的差异，通过 Spss 对主观幸福感及各维度得分进行单因素方差分析。

表 2.2.9　不同收入的中医药人才主观幸福感的差异

		N	M	SD	F	sig
对健康的担心	0~3000	15	9.93	3.432	6.497	0.000
	3000~6000	56	11.86	2.604		
	6000~9000	91	12.76	2.523		
	9000 以上	38	12.84	2.007		
精力	0~3000	15	14.80	3.968	3.169	0.025
	3000~6000	56	16.80	3.089		
	6000~9000	91	17.22	2.645		
	9000 以上	38	17.03	2.342		
抑郁或愉悦的心情	0~3000	15	13.60	3.757	4.683	0.004
	3000~6000	56	15.04	3.775		
	6000~9000	91	16.12	3.684		
	9000 以上	38	17.11	2.845		
松弛或紧张	0~3000	15	15.93	4.148	6.727	0.000
	3000~6000	56	15.79	3.178		
	6000~9000	91	17.13	2.841		
	9000 以上	38	18.47	2.597		
总体幸福感	0~3000	15	69.53	12.660	5.165	0.002
	3000~6000	56	73.96	10.099		
	6000~9000	91	76.78	6.833		
	9000 以上	38	77.92	5.211		

结果显示，从总体上看，总体幸福感在收入上存在显著差异，收入越高，总体幸福感水平越高。从各维度上看，除对生活的满足和希望外，中医药人才在其他维度上存在收入上的显著差异。

（二）中医药人才职业倦怠、心理弹性、主观幸福感的关系研究

1. 中医药人才职业倦怠、心理弹性的相关性分析

通过 Spss 的皮尔逊积差相关对中医药人才职业倦怠、心理弹性进行相关分析。

表 2.2.10　中医药人才职业倦怠、心理弹性的相关性分析

	情绪衰竭	去人性化	低个人成就感	职业倦怠
心理弹性	-0.264**	0.115	-0.218**	-0.220**

注：*P < 0.05，**P < 0.01

结果显示，职业倦怠总分与心理弹性呈现负相关，情绪衰竭与低个人成就感两个维度也与之呈现负相关，且均达到非常显著的差异（P < 0.01）。

2. 中医药人才心理弹性、主观幸福感的相关性分析

运用 Spss 以皮尔逊积差相关法对中医药人才主观幸福感与心理弹性进行相关分析。

表 2.2.11 中医药人才心理弹性、主观幸福感的相关性分析

	心理弹性
对生活的满足和希望	-0.128
对健康的担心	0.381**
精力	0.248**
抑郁或愉悦的心情	0.448**
对情感和行为的控制	0.181*
松弛或紧张	0.193**
总体幸福感总分	0.388**

注：*$P < 0.05$，**$P < 0.01$

结果显示，主观幸福感总分及其维度均与心理弹性总分呈显著正相关。

3. 中医药人才职业倦怠、主观幸福感的相关性分析

运用 Spss 以皮尔逊积差相关法对中医药人才职业倦怠与主观幸福感进行相关分析。

表 2.2.12 中医药人才职业倦怠、主观幸福感的相关性分析

	情绪衰竭	去人性化	低个人成就感	职业倦怠
对生活的满足和希望	0.144*	0.069	-0.071	0.059
对健康的担心	-0.246	-0.031	-0.046	-0.244**
精力	-0.098	0.089	0.180*	0.142*
抑郁或愉悦的心情	-0.399**	-0.024	0.028	-0.267**
对情感和行为的控制	-0.061*	-0.080	-0.065	0.022
松弛或紧张	-0.082	-0.029	-0.121	-0.130
总体幸福感总分	-0.208**	-0.014	-0.140*	-0.276**

注：*$P < 0.05$，**$P < 0.01$

结果显示，中医药人才总体幸福感与中医药人才的职业倦怠及情绪衰竭、低个人成就感维度呈显著负相关；职业倦怠与主观幸福感及对健康的担心、精力、抑郁或愉悦的心情三个维度呈显著负相关；从内部维度上来看，职业倦怠的情绪衰竭维度与主观幸福感的抑郁或愉悦的心情、对情感和行为的控制、松弛或紧张三个维度呈现显著负相关。

4. 中医药人才职业倦怠、主观幸福感的回归分析

通过 Spss 的线性回归探究中医药人才的职业倦怠与主观幸福感之间的关系。

表 2.2.13 中医药人才职业倦怠、主观幸福感的回归分析

因变量	自变量	R	R^2	ΔR^2	F	B	β	t
情绪衰竭	抑郁或愉悦的心情	0.339	0.115	0.111	25.482	-0.119	-0.339	-5.048*
低个人成就感	精力	0.18	0.032	0.027	6.596	-0.06	-0.18	-2.568*
职业倦怠	总体幸福感	0.276	0.076	0.071	16.276	-0.02	-0.276	-4.034*

注：*$P < 0.05$，**$P < 0.01$

结果显示，当情绪衰竭为因变量时，抑郁或愉悦的心情维度进入回归方程，能解释

11.1%的变异；当低个人成就感为因变量时，精力维度进入回归方程，能解释2.7%的变异；当职业倦怠总分为因变量时，总体幸福感总分进入回归方程，能解释7.1%的变异。且F检验均达到显著差异，说明中医药人才主观幸福感对职业倦怠的影响是负向的。

5. 中医药人才心理弹性的调节效应分析

利用 Spss 22.0 Process 插件对收集的数据进行调节效应检验，将主观幸福感与心理弹性进行模型交互作用检验，选取模型1（调节效应模型检验）得到结果见表2.2.14。

表 2.2.14 调节效应（主观幸福感 × 心理弹性）检验

effec	se	t	p	LLCI	ULCI	R^2	F
-0.0017	0.0006	-2.7818	0.0059	-0.0028	-0.0005	0.1255	9.3729***

通过表2.2.14可以看出，心理弹性的调节作用显著，其交互作用所在区间为[-0.0028，-0.0005]，区间不包含0，即表示存在调节效应，其效应大小为0.0017。心理弹性在主观幸福感对职业倦怠影响过程中的调节作用占12.6%。本研究利用简单斜率效应图对调节作用进行可视化分析（图2.2.2）。

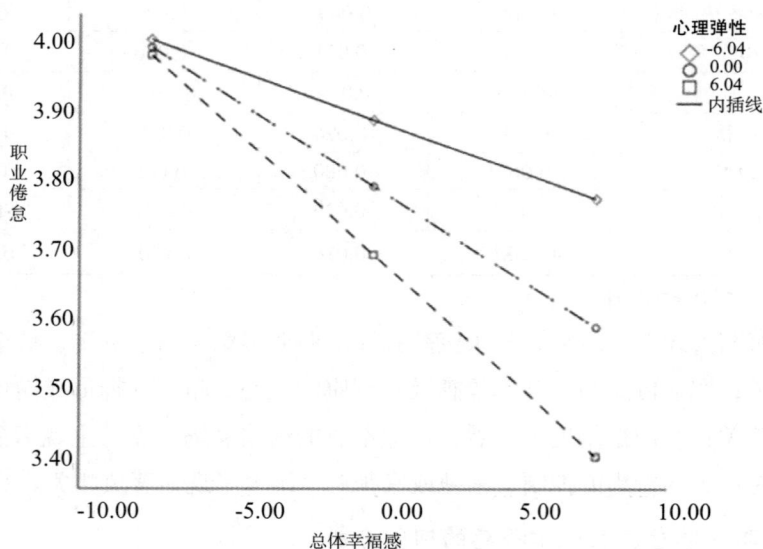

图 2.2.2 调节效应简单斜率分析图

由图2.2.2可以看出，当个体在同等水平的主观幸福感下，高心理弹性个体具有较小的职业倦怠感。当个体处于低水平心理弹性时，同样的主观幸福感水平下的个体反映出较多的职业倦怠。相反，当个体处于高水平的心理弹性中，同样的主观幸福感会带来更少的职业倦怠倾向。因此，本研究认为中医药人才的心理弹性在主观幸福感对职业倦怠影响过程中起调节作用。本研究根据表2.2.13与表2.2.12得出路径分析如下：

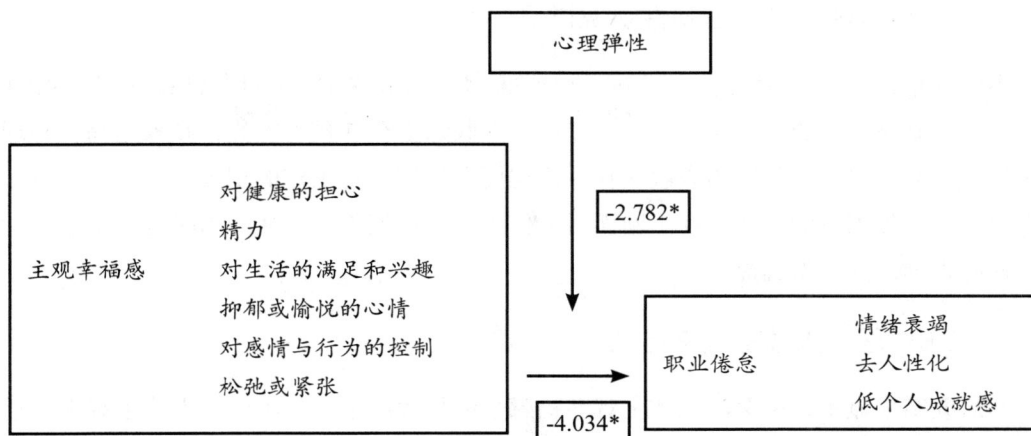

图 2.2.3 路径分析图

五、研究结论

研究结果如下：

（1）中医药人才存在着较严重的职业倦怠，在婚姻状态上有显著差异。

（2）中医药人才的心理弹性总体呈较高水平，心理弹性在收入上存在显著差异。

（3）中医药人才主观幸福感总体呈较高水平，在抑郁或愉悦的心情维度上，中医药人才存在年龄上的显著差异；在精力及松弛或紧张这两个维度上，中医药人才存在职称上的显著差异；在对健康的担心、精力、抑郁或愉悦的心情、松弛或紧张的维度上，中医药人才存在收入上的显著差异。

（4）中医药人才职业倦怠与心理弹性呈负相关，中医药人才心理弹性与主观幸福感呈正相关，中医药人才心理弹性在职业倦怠与主观幸福感之间的调节效应显著。

六、讨论

（一）中医药人才职业倦怠状况讨论

本研究结果显示，中医药人才存在着较严重的职业倦怠，可能与独特的工作岗位上需要承担高风险、高压力息息相关[17]。职业倦怠在性别、年龄段、职称、学历、收入、工作年限上无显著差异，在婚姻状态上有显著差异，已婚的职业倦怠水平显著高于未婚。从多方面来讲，未婚年龄相对较小，刚开始更充满激情和闯劲，但已婚的除了工作压力还有可能面临更多的生活压力，如抚养儿女、赡养父母等，因此已婚者职业倦怠水平比未婚者更高[18]。

（二）中医药人才心理弹性状况讨论

本研究结果显示，中医药人才的心理弹性总体呈较高水平，心理弹性在性别、年龄段、职称、婚姻状态、学历、工作年限上无差异，在收入上存在显著差异，收入越高，心理弹性水平就越高。这可能是因为高收入在一定程度上提高了对工作的积极性，而且高收入意味着要面临更加困难的工作，在不断面对工作难题和迎接工作挑战的同时也丰富着心理资源，使心理弹性水平得到提高。

（三）中医药人才主观幸福感状况讨论

本研究结果显示，中医药人才主观幸福感总体呈较高水平，中医药人才主观幸福感在抑郁或愉悦的心情维度上存在年龄上的显著差异，其中 26~30 岁的水平高于另外三个年龄段。26~30 岁还是相对年轻的年龄，他们精力充沛，能够更加关注问题好的一面，也有可能是因为他们已经开始工作，业务更加熟练，已经适应工作内容，不再有迷茫和焦虑，开始体现更多愉悦的心情。总体幸福感在精力及松弛或紧张这两个维度上存在职称上的显著差异，副高职称的主观幸福感水平高于另外三个职称。副高职称处于中上层，他们具备一定的优越感但又不用承担正高职称巨大的压力，所以精力充沛且相对松弛，幸福感水平相对较高。研究结果显示，在对健康的担心、精力、抑郁或愉悦的心情、松弛或紧张的维度上存在收入的显著差异，原因可能是高收入让他们对自己充满信心，对工作有较高的积极性，因此精力充沛，能有愉悦的心情并且放松的生活，但高收入也代表着繁重的工作，昼夜颠倒，使他们担心自己的健康。

（四）中医药人才职业倦怠、心理弹性、主观幸福感关系讨论

研究结果显示，职业倦怠总分与心理弹性总分呈负相关，与李华芳等[11]的研究一致。分析认为，中医药人才心理弹性越高，代表其心理承受能力越强，越能够迅速地调整好自己的状态。中医药人才心理弹性与中医药人才主观幸福感呈正相关，与姜敏敏等的研究结果一致。分析可知，心理弹性能够更好地调节自身压力，在遇到难题时也能够调整好自身的状态，平静沉稳地应对从而体验到更多的幸福感。职业倦怠总分与主观幸福感总分呈负相关且有显著的负向预测作用，与徐芳芳[12]研究结论一致，说明当个体出现职业倦怠就会影响对自己的认知评价，导致幸福感降低，而幸福感降低又会加剧职业倦怠，造成恶性循环。本研究结果还显示心理弹性在职业倦怠及主观幸福感之间的调节效应显著，与罗坤坤[19]及周丽丽[20]的结论一致，高水平心理弹性个体能通过改变自己的身心状态更好地面对困难。因此，心理弹性能够有效调节主观幸福感对职业倦怠的影响，高心理弹性个体能够有效地降低低水平主观幸福感对职业倦怠产生的影响，低心理弹性个体虽能够降低其影响但效果较差[21]。

七、对人才管理工作的启示

综上所述，主观幸福感、心理弹性对中医药人才的职业倦怠均产生一定的影响。因此，中医药人才管理者可以通过提高中医药人才的心理弹性来增强高水平主观幸福感或减轻低水平主观幸福感对职业倦怠的影响[22]。因此，在未来的中医药人才心理教育中可以重点关注中医药人才的心理健康，使中医药人才掌握面对困难时的解决方法，从而增强中医药人才主观幸福感，减轻职业倦怠的程度，推动中医药人才的发展。

八、研究的不足与展望

本研究采用的研究方法存在一定的不足，无法做出严格的因果解释。在以后的研究中可以与其他研究方法结合，取长补短，使研究结果更加严谨。且本研究中被试数量相对较少，导致部分人口学变量差异并不理想[23]。在以后的研究中可以进一步扩大被试数量，使结果更加稳定。还因为受研究思想的局限，对一些结果的讨论不够深入透彻，需要更加深入地学习，提升自己，不断丰富、发展、巩固、完善。

参考文献

[1] 周凌宏.由"以治病为中心"向"以健康为中心"转变 [J].人民论坛，2018（35）：109.

[2] 方雄.城市中小学教师职业倦怠、心理弹性与主观幸福感的相关研究 [D].扬州大学，2016.

[3] 陈婕，潘庆忠，孙琳.医护人员社会支持与主观幸福感的相关性研究 [J].中国卫生事业管理，2012，29（11）：863-865.

[4] 吴晓蓉，杨艳.护理工作环境与护士主观幸福感相关性调查 [J].上海交通大学学报（医学版），2014，34（06）：913-918.

[5] 李丹丹，林芹兰，高玲.心理弹性的研究现状 [J].中外医学研究，2014，12（01）：161-162.

[6] 李大凤，袁作芝，周秋荣，宋丽君.手术室护士工作压力、心理弹性与主观幸福感的关系研究 [J].全科护理，2018，16（16）：1926-1929.

[7] 丁馨娜.医院护士心理压力和心理弹性与主观幸福感的关系研究 [D].吉林大学，2014.

[8] 付超.职业倦怠在中小学教师工作家庭冲突与主观幸福感间的中介效应分析 [D].西北师范大学，2015.

[9] 高金泉.医生职业倦怠问题研究 [D].天津大学，2013.

[10] 崔晟，张丽君，杨洪智，李晓梅，赵岩.临床护士心理弹性在觉知压力与职业倦怠间的中介作用 [J].护理研究，2019，33（7）：1244-1247.

[11] 李华芳，刘春琴，厉萍.积极情绪在精神科护士心理弹性与职业倦怠关系中的中介作用 [J].中华护理杂志，2015，50（9）：1083-1086.

[12] 徐芳芳，刘畅，李文福，崔玉玲，赵维燕，吉峰.监狱工作人员心理弹性对职业倦怠和主观幸福感影响 [J].中国职业医学，2019，46（3）：340-344.

[13] 朱君.初中教师主观幸福感与职业倦怠的关系研究 [D].苏州大学，2017.

[14] 姬艳博，李娜，柳红梅，孙菲菲，高广超，于晓霞，许翠萍.癌症病人症状困扰与心理弹性、积极情绪的关系 [J].护理研究，2017，31（10）：1193-1197.

[15] 李超平，时勘.分配公平与程序公平对工作倦怠的影响 [J].心理学报，2003（5）：677-684.

[16] 段建华.主观幸福感概述 [J].心理学动态，1996（1）：46-51.

[17] 杨静.新疆三甲中医医院医生职业倦怠及影响因素分析 [D].新疆医科大学，2017.

[18] 姜敏敏, 王建良, 谭磊, 房亚明. 环卫工人幸福感与心理弹性关系 [J]. 中国职业医学, 2018, 45（4）: 462-466.

[19] 罗珅珅. 涉密民警组织公平感对职业倦怠的影响 [D]. 吉林大学, 2020.

[20] 周丽丽, 徐红红, 谢中垚, 郝树伟, 洪炜. 公务员的心理弹性对压力与主观幸福感关系的调节效应 [J]. 中国健康心理学杂志, 2015, 23（9）: 1341-1346.

[21] 史靖宇, 赵旭东, 苏娜, 王艳波. 医生职业倦怠与心理弹性的关系 [J]. 中国心理卫生杂志, 2017, 31（2）: 168-169.

[22] 黄瑶, 沈绍武. 中医药人才培养现状及建议浅析 [J]. 社区医学杂志, 2017, 15（1）: 72-74.

[23] 彭聃龄. 普通心理学 [M]. 北京师范大学出版社, 2019.

第三节　工作压力与职业倦怠的关系

伴随着生物医学模式的改变，竞争越来越激烈，工作压力普遍存在，对个人的生理、心理和行为均产生了一定的影响。医务工作者承受了更多来自内外的压力，因此这部分人成为职业倦怠的高发人群。虽然有很多研究都涉及工作压力、职业倦怠、一般自我效能感，但是很少有研究以中医药人才为被试进行研究。为此，本研究以中医药人才为被试，从工作压力对职业倦怠的影响出发，探讨一般自我效能感的中介变量。在阅读大量参考文献的基础之上，对山东省 200 名中医药人才进行问卷调查，收集并分析相关数据，得出结论：中医药人才的工作压力与一般自我效能感呈负相关，工作压力与职业倦怠呈正相关，职业倦怠与一般自我效能感呈正相关，一般自我效能感在工作压力与职业倦怠的关系中起到中介作用[1]。

一、绪论

（一）研究背景与意义

1. 研究背景

最近几年，经济发展更为迅速，社会竞争导致工作量增大，人们的工作压力也在加大。随着生物医学模式的变化，中医药迅速发展起来，在巨大的职业压力下，中医药人才成为高职业倦怠群体[2]。职业倦怠将致使工作能力丧失、旷工率上升，不仅会给社会造成经济损失，还会损害身心健康、降低劳动效率。

2. 研究意义

（1）理论意义

国外关于职业倦怠的研究已非常丰富，可是我国的研究相对较少，理论知识相对有限。鉴于东西方差异，中国的职业倦怠应该以国外研究的理论成果和国内的实际情况为基础。本节从理论层面出发，论述了中医药人才职业倦怠的产生，工作压力和一般自我效能感所起的作用，并结合中医药人才的工作性质，使结论更加全面。

（2）实践意义

通过对中医药人才进行调查，了解中医药人才目前的工作压力和职业倦怠情况，提醒管理者关注中医药人才的工作压力和职业倦怠，以及为提高中医药人才的一般自我效能感和减轻职业倦怠感提供新的解决办法。

（二）国内外现状

1. 工作压力理论概述

工作压力是由工作负荷带来的压力，如生产地点的变化、生产条件的变化等带来的压力是现代社会的问题。压力既是强大的驱动力，也是影响工作表现的负面因素。赵简（2010）研究发现对工作要求高的员工容易产生工作倦怠[3]。

2. 职业倦怠理论概述

欧洲和美国开始在20世纪70年代研究职业倦怠，侧重于社会服务业，如警察、教师，医务人员，发现这些行业的人倦怠程度较重。Freudenberger（1974）定义了职业倦怠，解释了工作压力对个人的负面影响。20世纪90年代，Shirom认为职业倦怠是身体、情绪和认知疲劳的总和[4]。Maslach的三维理论：情绪衰竭、去人性化和低个人成就感。李兆良（2006）研究发现医护人员的职业倦怠程度较重。

3. 一般自我效能感理论概述

Bandura将自我效能定义为人们完成任务的自信程度。自我效能可以通过教育得到激活和加强，有助于了解和处理人类活动的各个方面，并改变有关行为决定。陈翀宇等人（2021）得出低职业倦怠的护士一般自我效能感偏高。

4. 工作压力与职业倦怠的关系

李晓临（2020）调查发现职业压力与职业倦怠存在正向的关联；彭呈芳（2018）研究发现职业压力对职业倦怠有正向的影响；徐富明（2003）认为工作压力与职业倦怠呈显著正向相关；李晓雯等（2007）研究发现工作压力与职业倦怠存在正向的关系。前人的研究发现这两个变量有关联，工作压力越大，职业倦怠的程度也会越大，由此提出以下假设：

H1：中医药人才的工作压力与职业倦怠存在正相关。

5. 工作压力与一般自我效能感的关系

门晓婷等（2017）认为护士的自我效能感对工作压力有负向的影响，吴伊静（2016）认为角色压力与自我效能感呈负相关；张荣霞（2003）认为工作压力与自我效能感存在负向的关系。根据前人的研究可以得出这两个变量有关联，由此提出以下假设：

H2：中医药人才的一般自我效能感与工作压力存在负相关。

6. 职业倦怠与一般自我效能感的关系

朱秋平（2014）统计分析表明，通信业员工的职业压力对自我效能感存在负向关联；汪宏、王军（2010）认为高校专职辅导员的自我效能感的获得对职业倦怠有负向的影响[5]。根据上述文献提出以下假设：

H3：中医药人才的一般自我效能感与职业倦怠存在负相关。

7. 一般自我效能感的中介作用

沈艺等（2016）发现职业压力通过自我效能感对职业幸福感产生影响；董益帆（2020）发现自我效能感是工作满意度和工作倦怠之间的一个中介 [6]；莫彦芝（2012）发现自我效能感是工作压力和职业倦怠之间的一个中介。由于上述研究自我效能感的中介作用，而且三个变量之间分别相关，可以大胆假设：

H4：中医药人才的一般自我效能感在工作压力和职业倦怠的关系中起到中介作用 [7]。

8. 研究的创新点

本研究的创新点主要有两个：

（1）本研究将中医药人才作为被试，是因为以前研究相对较少，不仅完善了工作压力及职业倦怠之间的理论研究，也可以为中医药人才的管理提供一个相关的理论启示。

（2）针对现阶段的职业倦怠问题，从工作压力和一般自我效能感两个方面进行研究。在疫情期间，中医药人才的工作压力和工作强度也在增大，本研究可以为缓解职业倦怠提供一个切入点。

二、研究设计

（一）被试取样

本节的研究对象主要是山东省部分医院的中医药人才，对其进行随机抽样调查，发放222 份问卷，删除无效问卷（包括时间太短、太长，题项选择全部一致的问卷），最后获得有效问卷为 205 份，可用率为 88.41%。

（二）研究方法

1. 文献研究法

通过图书馆、数据库等，查阅有关职业倦怠、自我效能感等相关知识，为设计研究方案提供思路。

2. 问卷法

通过使用相关问卷，选取中医药人才作为研究对象，使用 Spss21.0 软件对问卷结果进行数据分析。

（三）研究工具

本研究收集问卷调查信息，并进行评估。本研究量表主要包括：工作压力量表、职业倦怠量表（MBI-GS）和一般自我效能感量表（GSES）。对于研究中涉及的各个变量，尽可能地采用较成熟的问卷 [8]。

1. 工作压力量表

由孟雪梅改编的护士工作压力量表，共 20 题，其内部一致性系数为 0.922，拥有较高的信效度。

2.MBI-GS

由 Maslach 编制，此量表一共 15 道题，其 3 个维度内部一致性系数分别为：0.88、0.83 及 0.82，拥有较好的稳定性与一致性。

3.GSES

由 Schwarzer 等人编制，王才康翻译修订，共 10 个项目，其 Cronbachα 为 0.87，具有较好的信效度。

4. 假设模型

如图 2.3.1：

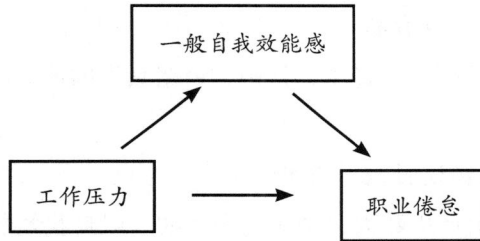

图 2.3.1　工作压力、职业倦怠和一般自我效能感之间的关系模型

根据量表的维度，将模型扩展到如图 2.3.2：

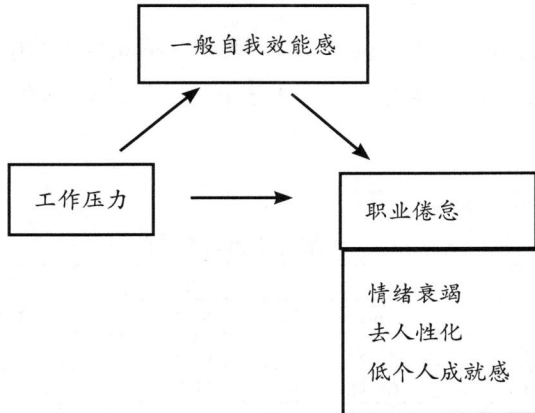

图 2.3.2　工作压力、职业倦怠及各维度和一般自我效能感之间的关系模型

（四）数据分析与研究结果

1. 被试的人口学分布情况

本次问卷调查过程中，女性被试是男性被试的 1.5 倍；他们的年龄集中在 31~40 岁，占总人数的 32.7%，被试样本中没有 60 岁以上的中医药人才；职称主要集中在初级和高级；

正高级只占总调查人数的 5.9%；工资大部分都在 4000~4999 元，占 30.2%。

2. 描述性统计分析

表 2.3.1　描述性统计分析

	极小值	极大值	M	SD
工作压力	43	96	70.87	11.377
职业倦怠	0.95	4.36	2.49	0.62
情绪衰竭	1.25	8.75	5.64	1.76
去人性化	1.25	8.75	4.92	1.66
低个人成就感	0.83	5.17	2.11	0.95
一般自我效能感	1	4	2.96	0.56

3. 工作压力的描述性统计分析

工作压力的均值和中数接近，中医药人才的工作压力程度中等。

4. 职业倦怠的描述性统计分析

中医药人才的职业倦怠程度为轻度，其中，情绪衰竭的值最高，低个人成就感与其他两个维度差异较大[9]。

5. 一般自我效能感的描述性统计分析

一般自我效能感的均值比中数大，中医药人才的一般自我效能感的程度较高。

（五）人口统计学变量

1. 性别的差异检验

使用 Spss 对数据进行独立样本 t 检验，结果表明，不同性别的中医药人才在工作压力、职业倦怠及各维度、一般自我效能感的 p 都大于 0.05，所以性别在这三个变量之间差异不显著[10]。

2. 年龄的差异检验

表 2.3.2　年龄的单因素方差分析

	年龄	M	SD	F	显著性
工作压力	18~25	66	8.97	3.25	0.01
	26~30	72.33	10.85		
	31~40	68.18	11.27		
	41~50	74.38	11.77		
	51~60	72.85	11.89		
职业倦怠	18~25	2.52	0.56	1.39	0.238
	26~30	2.63	0.63		
	31~40	2.38	0.62		
	41~50	2.5	0.60		
	51~60	2.44	0.67		

续表

	年龄	M	SD	F	显著性
情绪衰竭	18~25	5.61	1.88	2.72	0.031
	26~30	5.65	1.57		
	31~40	5.15	1.70		
	41~50	6.19	1.71		
	51~60	6.11	2.17		
去人性化	18~25	4.81	1.35	1.01	0.403
	26~30	5.25	1.59		
	31~40	4.72	1.64		
	41~50	4.74	1.75		
	51~60	2.31	0.85		
低个人成就感	18~25	2.39	0.90	4.75	0.001
	26~30	2.14	0.90		
	31~40	1.86	1.05		
	41~50	1.48	0.83		
	51~60	1.09	0.47		
一般自我效能感	18~25	2.92	0.46	0.208	0.934
	26~30	2.95	0.53		
	31~40	3.01	0.49		
	41~50	2.91	0.68		
	51~60	2.95	0.70		

结果显示，年龄在一般自我效能感和职业倦怠以及去人性化上的 p 小于 0.05 不显著，但是在工作压力以及职业倦怠其余两个维度上在 0.05 水平上差异显著。

3. 职称的差异检验

使用 Spss 对数据进行单因素方差分析，结果显示，职称在工作压力、职业倦怠以及前两个维度中和一般自我效能感的 p 大于 0.05，差异不显著；但是在低个人成就感中在 0.05 水平上差异显著[11]。

4. 工资

表2.3.3 工资的单因素方差分析

	工资（元）	M	SD	F	显著性
工作压力	3000 以下	75.71	10.44	2.27	0.06
	3000~3999	71.39	8.09		
	4000~4999	67.76	10.84		
	5000~5999	70.76	12.95		
	6000 以上	72.72	12.02		
职业倦怠	3000 以下	2.71	0.63	1.456	0.217
	3000~3999	2.59	0.52		
	4000~4999	2.36	0.71		
	5000~5999	2.49	0.64		

	工资（元）	M	SD	F	显著性
情绪衰竭	3000 以下	6.39	1.53	2.819	0.026
	3000~3999	5.63	1.54		
	4000~4999	5.08	1.83		
	5000~5999	5.82	1.9		
	6000 以上	5.92	1.64		
去人性化	3000 以下	4.84	1.31	0.555	0.695
	3000~3999	5.05	1.67		
	4000~4999	4.68	1.59		
	5000~5999	5.14	1.77		
	6000 以上	5	1.75		
低个人成就感	3000 以下	2.44	1.2	2.085	0.084
	3000~3999	2.38	0.82		
	4000~4999	2.14	0.9		
	5000~5999	1.81	0.88		
	6000 以上	2.05	1.02		
一般自我效能感	3000 以下	2.56	0.63	2.446	0.048
	3000~3999	2.9	0.48		
	4000~4999	3.05	0.53		
	5000~5999	2.96	0.56		
	6000 以上	2.99	0.59		

结果显示，不同工资的中医药人才在工作压力、职业倦怠及其中的去人性化维度的 p 大于 0.05，差异不显著；在其余两个维度上在 0.05 水平上差异显著；在一般自我效能感上在 0.05 水平上差异显著[12]。

（六）工作压力、职业倦怠、一般自我效能感的相关关系分析

1. 工作压力与职业倦怠的相关分析

表 2.3.4　工作压力与职业倦怠及其维度的相关分析

	工作压力	职业倦怠	情绪衰竭	去人性化	低个人成就感
工作压力	1				
职业倦怠	0.565**	1			
情绪衰竭	0.677**	0.819**	1		
去人性化	0.483**	0.850**	0.685**	1	
低个人成就感	-0.043	0.397**	-0.068	0.028	1

结果显示，中医药人才的工作压力与职业倦怠以及其中前两个维度呈显著正相关，但与低个人成就感相关不显著。

2. 工作压力与一般自我效能感的相关分析

表 2.3.5　工作压力与一般自我效能感的相关分析

	工作压力	一般自我效能感
工作压力	1	
一般自我效能感	-0.215**	1

结果显示，中医药人才的工作压力与一般自我效能感显著负相关。

3. 一般自我效能感与职业倦怠的相关分析

表 2.3.6　一般自我效能感与职业倦怠及其维度的相关分析

	职业倦怠	情绪衰竭	去人性化	低个人成就感	一般自我效能感
职业倦怠	1				
情绪衰竭	0.819**	1			
去人性化	0.850**	0.685**	1		
低个人成就感	0.397**	-0.068	0.028	1	
一般自我效能感	-0.369**	-0.218**	-0.114	-0.483**	1

结果显示，一般自我效能感与职业倦怠呈显著相关，与其三个维度呈显著正相关。

4. 一般自我效能感的中介效应分析

表 2.3.7　工作压力与职业倦怠之间的线性关系

步骤	因变量	自变量	R^2	调整后 R^2	F	B	t
1	职业倦怠	工作压力	0.319	0.316	95.258	0.031	1.343**
2	一般自我效能感	工作压力	0.047	0.042	9.935	-0.011	-3.125**
3	职业倦怠	工作压力	0.383	0.377	62.732	0.028	8.998**
		一般自我效能感				-0.287	-4.569**
		-0.218**	-0.114	-0.483**	1		

步骤 1 中，工作压力对职业倦怠的回归，P < 0.05，通过显著性水平检验，且工作压力的回归系数 B2 小于步骤 1 中的 B1，B2 的绝对值小于 B1，经过调整之后 R^2 有变化，说明一般自我效能感的中介效应显著，且为部分中介效应[13]。

相比步骤 1，步骤 3 的 F 值检验显著（F=62.732，P<0.01），说明模型拟合度较好。中医药人才工作压力有显著的预测作用，可以解释一般自我效能感 38.3% 的变异。

三、结论分析及管理建议

（一）研究结论

1. 山东省中医药人才的工作压力与职业倦怠存在显著正相关。

2. 山东省中医药人才的一般自我效能感与职业倦怠存在显著负相关。

3. 山东省中医药人才的工作压力与一般自我效能感存在显著负相关。

4. 山东省中医药人才的一般自我效能感在工作压力与职业倦怠之间起部分中介作用。

（二）分析及讨论

1. 中医药人才的工作压力在人口学上的差异分析

中医药人才的工作压力没有明显的性别差异，可能是因为倡导男女平等，男性和女性的工作环境和强度相类似；在年龄方面差异显著，年龄大的工作压力也会偏高，可能是因为他们面临着如抚养孩子、赡养父母等现实问题，导致工作压力大[14]；在职称方面差异不显著，推测原因可能是职称评级有点困难，大多数人没有机会晋升，对职称的要求不是很高；在工资方面差异显著，工资低的工作压力大，刚刚工作或者职位不高，希望有个好的表现，努力工作而导致工作压力大，工资高的工作压力也会偏高，可能是因为高工资对应着高责任，他们不希望失误而导致工作压力偏高。

2. 中医药人才的职业倦怠在人口学上的差异分析

中医药人才的职业倦怠没有明显的性别差异，推测是因为男生和女生的工作内容趋于相同；在年龄中差异不显著，但是在情绪衰竭和低个人成就感维度差异显著，原因可能是中医需要不停地与病人进行交流，而且治疗不会立刻见效，才会导致情绪衰竭和成就感降低；职称只在低个人成就感维度中差异显著，推测是职称晋升难导致的成就感低落；工资在职业倦怠及其维度中的去人性化上的差异不显著，在情绪衰竭、低个人成就感上的差异显著，推测是工资水平会影响个体的情绪和成就动机[15]。

3. 中医药人才的一般自我效能感在人口学上的差异分析

中医药人才的一般自我效能感没有明显的性别差异，推测是因为现在男生女生的教育方式相类似；在年龄中差异不显著，推测是因为自我效能感在发展过程中转变不大；在职称中差异不显著，可能是因为职称评级不能改变一个人的自尊水平；在工资中差异显著，推测原因可能是低工资水平的个体会认为自己能力不够而产生低自我效能感[16]。

4. 中医药人才的工作压力、职业倦怠和一般自我效能感的现状分析

工作压力量表的结果显示，中医药人才的工作压力较高。例如，赵简也得出了相同的结论，中医药人才也有相类似的情况，他们的压力有来自工作本身的，也有来自所处环境的特殊性，面临着时间紧、任务重的情况，工作压力不断增高。

职业倦怠量表的结果显示，中医药人才有轻度职业倦怠，情绪衰竭程度较严重。李兆良研究医护人员的结果与本研究相同，推断原因是产生职业倦怠的中医药人才会感觉自己工作很累、压力特别大、对工作缺乏热情，还可能是没有相应的制度能够保障他们的利益。

一般自我效能感量表的结果显示，中医药人才的一般自我效能感水平偏高。陈翀宇等人的研究结论与本次研究结果相同，推断原因可能是高自我效能感的个体更容易用积极向上的心态去克服他们遇到的困难，较不容易产生挫败感，对工作的热情不会降低。

5. 中医药人才工作压力、职业倦怠和一般自我效能感的相关分析

中医药人才工作压力大主要是由于疫情，他们的工作面临着很多的机遇和挑战；其结

果一方面容易使人感觉工作负荷沉重；另一方面也容易消耗感情，认为在人际关系中浪费精力。中医药人才的职业倦怠会受其工作压力的影响，如果中医药人才承受过大的工作压力，那么他们的职业倦怠的程度也会过高。徐富明以中小学教师为研究对象，李晓雯等以护士为被试也得出了相同结论[17]。因此无论是教师、护士还是中医药人才都表明工作压力越大，职业倦怠感就越强，预测得越准。

工作压力在一般自我效能感中起到了明显的副作用，如果工作压力过大，会阻碍中医药人才完成任务，对自己失望，丧失信心。张荣霞以幼儿教师为被试也得出相同的结论。如果中医药人才在面对工作压力时，能积极应对压力，有较高的自我评价，较乐观向上，则工作愉快轻松。

一般自我效能感在职业倦怠的三个维度中起着明显的副作用，其中在低个人成就感中，有着更明显的作用。欧海燕等人以医护人员为研究对象也得出了相同的结论。高自我效能感的中医药人才对自己充满信心，对工作中的挫折和困难持乐观态度，因为他们更愿意接受困难的任务。而自我效能感低的中医药人才，则恰恰相反。一般自我效能感是认知力的作用机制，对自身的总体认知反映了中医药人才在职业倦怠下对工作的信心和能力[18]。

本研究中介分析的结果表明，中医药人才的一般自我效能感在工作压力与职业倦怠之间起部分中介作用。莫彦芝以公务员为研究对象也得出了相同的结论。从回归方程可以看出，一般自我效能感和工作压力对中医药人才的职业倦怠有影响。工作压力可以直接导致职业倦怠；也可以是中医药人才的低自我效能感影响工作压力，进一步导致职业倦怠。个体的一般自我效能感偏高，有乐观向上的心态，压力感会下降，疲劳感就会下降，那么职业倦怠感也会减弱。

6. 管理建议

本节以中医药人才为研究对象，探讨了工作压力、职业倦怠和一般自我效能感之间的关系。根据以上研究结果，为缓解中医药人才的职业倦怠，降低中医药人才的工作压力只是途径之一，还应该加强他们的自我效能感，将两者结合起来，采取更有效的行动，具体如下：

第一，通过安排轮班值日表，轮流休息，减少工作压力。

第二，可以开展针对性的活动提高中医药人才的自我效能感，提高人际交往能力，有效干预，才能减少中医药人才的流失，不过需要投入大量时间和精力，且需要管理者和中医药人才的配合。

第三，提升中医药人才职业能力，为完善知识经济时代中医药人才培养制度，各级政府应该积极建立对中医药人才的专门的职称评定制度，不能生搬硬套其他职称制度，同时为中医药人才培养提供借鉴，正确引导中医药人才的职业生涯规划，客观评价中医药人才的优缺点[19]。

四、局限与展望

（一）被试选取的局限

本研究选取的被试主要为山东省的中医药人才，研究是基于性别、年龄、职称等因素进行的，研究的结论能否推广值得考虑。一方面样本数少；另一方面从理论上来说，不同省份的中医药人才或多或少会存在一定差异。未来的研究可以增加样本的规模，使研究结果更科学、更普遍[20]。

（二）问卷方面的局限

由于研究时间较短，本研究的问卷都是采用前人编制的问卷，虽然具有一定程度的可靠性和影响，但是还没有相应的工作压力问卷专门用于研究中医药人才，希望在以后的研究中能够改进。

（三）变量方面的局限

本研究只选取了一般自我效能感当作中介变量，对于是否还存在其他中介变量有待考证，希望在以后的研究中予以深入。

参考文献

[1] 赵简，张西超. 工作压力与工作倦怠的关系：心理资本的调节作用 [J]. 河南师范大学学报（自然科学版），2010，38（3）：139-143.

[2]Freudenberger B J.Staff Burnout[J].Journal of Seeial I SSUOS，1974，30（1）：59-65.

[3]Shirom A.Burnout in work organizations.In C L CoopertI Robe：t（eds）International Review of Industrial and Organizational Psychology[M].New York：John WielylSons.1989：25-48.

[4] 刘洪庆，刘颖，李素娟. 山东省艾滋病防治医务人员职业倦怠现状调查 [J]. 中国艾滋病性病，2015，21（8）：695-698，710.

[5]Maslach C.Jackson S E，Leiter M.Maslach BurnoutInventory，Mannual，3rdn[M].Pal Alto，CA：Consulting Psuchologist Press，1996.

[6] 李兆良，高燕，冯晓黎. 医护人员工作压力状况及与职业倦怠关系调查分析 [J]. 吉林大学学报（医学版），2006（1）：160-162.

[7] 陈翀宇，甘代军，江景涛，周莉莉，鲁宗芳. 一般自我效能感在临床护士职业压力与职业倦怠间的中介效应分析 [J]. 中国初级卫生保健，2021，35（4）：88-91.

[8] 李晓临. 公安审计人员工作压力、心理资本与职业倦怠：以江苏公安为例 [J]. 南京审计大学学报，2020，17（2）：32-39，90.

[9] 彭呈方. 高中教师职业压力与职业倦怠的关系: 心理资本与社会支持的中介作用[D]. 华中师范大学，2018.

[10] 徐富明. 中小学教师的工作压力现状及其与职业倦怠的关系 [J]. 中国临床心理学杂志，2003（3）：195-197.

[11] 李晓雯，谷金君，等. 综合医院护士职业倦怠与工作压力、自尊及控制点的关系研究 [J]. 护理学杂志，2007（14）：1-3.

[12] 张荣霞. 幼儿教师工作压力源与自我效能感的研究 [D]. 山西大学，2008.

[13] 门晓婷，杨美英. 呼和浩特市儿科护士自我效能感与工作压力源相关性分析 [J]. 内蒙古医学杂志，2017，49（1）：124-126.

[14] 吴伊静. 护士自我效能感与角色压力及工作倦怠的干预研究 [J]. 现代交际，2016（13）：46-47.

[15] 欧海燕，姚永成，王守英，李宏彬，王艳，张光辉，高霞，任静朝，刘晓婷. 医务人员职业倦怠、人格特征与一般自我效能感的关系研究 [J]. 河南预防医学杂志，2015，26（2）：81-85.

[16] 朱秋平 . 员工工作倦怠与一般自我效能感的关系研究 [D]. 江西财经大学，2014.

[17] 汪宏，王军 . 高校辅导员职业倦怠与自我效能感的关系研究 [J]. 皖西学院学报，2010，26（5）：137-140.

[18] 沈艺，周箴 . 管理者的工作压力与职业幸福感：自我效能感和恢复体验的作用 [J]. 南京社会科学，2016（9）：24-30.

[19] 董益帆 . 小学教师的职业压力、工作满意度、职业倦怠及其相互关系研究 [D]. 青岛大学，2020.

[20] 莫彦芝 . 长沙市公务员工作压力、自我效能感与职业倦怠的关系研究 [D]. 湖南师范大学，2012.

附 录

附录一 工作压力量表

1. 工作碎，工作量大经常超负荷工作

非常不同意 不同意 不确定 同意 非常同意

2. 工作责任过重

非常不同意 不同意 不确定 同意 非常同意

3. 需要经常加班，经常倒班

非常不同意 不同意 不确定 同意 非常同意

4. 一直做重复性的工作，单调乏味

非常不同意 不同意 不确定 同意 非常同意

5. 经常遇到工作任务紧迫、时间紧张的情况

非常不同意 不同意 不确定 同意 非常同意

6. 无用的书面工作太多

非常不同意 不同意 不确定 同意 非常同意

7. 缺乏其他同事的支持理解和尊重

非常不同意 不同意 不确定 同意 非常同意

8. 医院管理者的理解与支持不够

非常不同意 不同意 不确定 同意 非常同意

9. 医院管理者的批评过多

非常不同意 不同意 不确定 同意 非常同意

10. 病人及家属不礼貌

非常不同意 不同意 不确定 同意 非常同意

11. 病人不合作

非常不同意 不同意 不确定 同意 非常同意

12. 病人及病人家属要求太高或太过分

非常不同意 不同意 不确定 同意 非常同意

13. 工作环境恶劣，不被尊重

非常不同意 不同意 不确定 同意 非常同意

14. 我的工资水平太低

非常不同意 不同意 不确定 同意 非常同意

15. 培训和学习的机会较少

非常不同意 不同意 不确定 同意 非常同意

16. 缺乏晋升和发展的机会

非常不同意 不同意 不确定 同意 非常同意

17. 规章制度不健全

非常不同意 不同意 不确定 同意 非常同意

18. 担心工作中出现差错

非常不同意 不同意 不确定 同意 非常同意

19. 工作内容所带来的医疗风险较大

非常不同意 不同意 不确定 同意 非常同意

20. 对医护人员权益保护的法制不健全

非常不同意 不同意 不确定 同意 非常同意

附录二 职业倦怠量表

1. 工作让我感觉身心俱疲

从不 极少一年几次或更少 偶尔一个月一次或者更少 经常一个月几次
频繁每星期一次 非常频繁一星期几次 每天

2. 下班的时候我感觉精疲力竭

从不 极少一年几次或更少 偶尔一个月一次或者更少 经常一个月几次
频繁每星期一次 非常频繁一星期几次 每天

3. 早晨起床不得不去面对一天的工作时，我感觉非常累

从不 极少一年几次或更少 偶尔一个月一次或者更少 经常一个月几次
频繁每星期一次 非常频繁一星期几次 每天

4. 整天工作对我来说确实压力很大

从不 极少一年几次或更少 偶尔一个月一次或者更少 经常一个月几次
频繁每星期一次 非常频繁一星期几次 每天

5. 工作让我有快要崩溃的感觉

从不 极少一年几次或更少 偶尔一个月一次或者更少 经常一个月几次
频繁每星期一次 非常频繁一星期几次 每天

6. 自从开始干这份工作，我对工作越来越不感兴趣

从不 极少一年几次或更少 偶尔一个月一次或者更少 经常一个月几次

频繁每星期一次 非常频繁一星期几次 每天

7. 我对工作不像以前那样热心了

从不 极少一年几次或更少 偶尔一个月一次或者更少 经常一个月几次
频繁每星期一次 非常频繁一星期几次 每天

8. 我怀疑自己所做工作的意义

从不 极少一年几次或更少 偶尔一个月一次或者更少 经常一个月几次
频繁每星期一次 非常频繁一星期几次 每天

9. 我对自己所做的工作是否有贡献越来越不关心

从不 极少一年几次或更少 偶尔一个月一次或者更少 经常一个月几次
频繁每星期一次 非常频繁一星期几次 每天

10. 我能有效地解决工作中出现的问题

从不 极少一年几次或更少 偶尔一个月一次或者更少 经常一个月几次
频繁每星期一次 非常频繁一星期几次 每天

11. 我觉得我在为公司做有用的贡献

从不 极少一年几次或更少 偶尔一个月一次或者更少 经常一个月几次
频繁每星期一次 非常频繁一星期几次 每天

12. 在我看来，我擅长于自己的工作

从不 极少一年几次或更少 偶尔一个月一次或者更少 经常一个月几次
频繁每星期一次 非常频繁一星期几次 每天

13. 当完成工作上的一些事情时，我感到非常高兴

从不 极少一年几次或更少 偶尔一个月一次或者更少 经常一个月几次
频繁每星期一次 非常频繁一星期几次 每天

14. 我完成了很多有价值的工作

从不 极少一年几次或更少 偶尔一个月一次或者更少 经常一个月几次
频繁每星期一次 非常频繁一星期几次 每天

15. 我自信自己能有效地完成各项工作

从不 极少一年几次或更少 偶尔一个月一次或者更少 经常一个月几次
频繁每星期一次 非常频繁一星期几次 每天

附录三　一般自我效能感量表

1. 如果我尽力去做的话，我总是能够解决问题的。
完全不正确有点正确多数正确完全正确

2、即使别人反对我，我仍有办法取得我所要的。
完全不正确有点正确多数正确完全正确

3. 对我来说，坚持理想和达成目标是轻而易举的。

完全不正确有点正确多数正确完全正确

4. 我自信能有效地应付任何突如其来的事情。

完全不正确有点正确多数正确完全正确

5. 以我的才智，我定能应付意料之外的情况。

完全不正确有点正确多数正确完全正确

6. 如果我付出必要的努力，我一定能解决大多数的难题。

完全不正确有点正确多数正确完全正确

7. 我能冷静地面对困难，因为我可信赖自己处理问题的能力。

完全不正确有点正确多数正确完全正确

8. 面对一个难题时，我通常能找到几个解决方法。

完全不正确有点正确多数正确完全正确

9. 有麻烦的时候，我通常能想到一些应付的方法。

完全不正确有点正确多数正确完全正确

10. 无论什么事在我身上发生，我都能够应付自如。

完全不正确有点正确多数正确完全正确

第四节　领导成员交换关系对职业倦怠关系

近几年，全球医疗器械产业持续快速增长，医疗器械市场需求巨大，国家越来越重视医疗器械行业，针对医疗器械行业的政策频频推出，给医疗器械行业的工作人员带来了极大的挑战，人力资源工作者作为协调员工共事、取得群体认同的工作，面临着很大的挑战。在中国，最基本的人际关系之一是上下级关系，领导成员交换就是强调追随者和领导者之间对工作态度的影响以及动态关系。领导成员交换理论认为，领导由于有限资源的受制，会与不同的追随者发展不同质量的交换关系，其交换关系的质量在本质上反映的是领导和下属之间进行资源交换的程度。本研究以山东省医疗器械行业 336 名人力资源从业者为样本，实证检验了人力资源从业者工作压力与职业倦怠的关系，并加入了领导成员交换理论的调节作业，结果发现：（1）人力资源从业者工作压力对职业倦怠有显著影响；（2）领导成员交换关系对人力资源从业者工作压力与职业倦怠的关系无显著调节作用。以上研究发现对于缓解人力资源从业者工作压力，减轻职业倦怠，激发其工作热情有着积极的借鉴意义。

一、提出问题

2019 年 12 月 10 日，国家医保局印发《关于做好当前药品价格管理工作的意见》，明确深化药品集中带量采购制度改革，坚持"带量采购、量价挂钩、招采合一"的方向，促使药品价格回归合理水平。随着该政策的出台，医疗器械行业积极调整发展策略，该行业的人力资源部被赋予越来越多的任务。艰巨的任务给人力资源从业者带来了严峻的挑战，公司员工的殷切期望也给人力资源从业者带来巨大压力，人力资源从业者的工作压力已成为一个不可忽视的问题。适度的工作压力可以激发人们的工作热情，但长期处于高压工作状态下，会使人身心疲倦、情绪紊乱、工作消极，进而产生情感衰竭、去人性化、低成就感等职业倦怠现象。此外，在高质量的领导成员交换工作场景中，追随者能够从领导那里获得更多的有形资源和无形资源，以补充能量，调节工作压力，应对负性的身心状态或缓冲高工作要求对追随者的消极影响。实证研究也表明，领导成员交换对工作倦怠具有显著的预测作用。[15][18]综上所述，本研究预测良好的领导成员交换关系不仅能够直接影响人力资源从业者的工作倦怠，而且能够通过领导成员交换，间接地影响人力资源从业者的工作倦怠。

在我国，人力资源行业已经越来越被重视，希望从事人力资源的人也越来越多，在回应期望与压力的过程中，引发了企业人力资源从业者的诸多问题，其中最突出的便是工作压力与职业倦怠。本研究通过问卷调查方式，实证检验在变化下的医疗器械行业人力资源从业者的工作压力与职业倦怠的关系，并将领导成员交换理论引入两者的关系框架内，以期解释工作压力对职业倦怠的影响过程，尝试分析在不同的领导成员交换条件下，工作压力对医疗器械行业人力资源从业者职业倦怠的影响。为人力资源从业人员的情绪管理和压力管理等提供理论依据，指导医疗器械企业制定激励策略，减弱工作压力对人力资源从业者的消极影响，避免职业倦怠现象的发生。

二、理论背景

（一）工作压力

随着社会的不断进步、经济的快速发展、社会体制的不断变化，每一个工作者都感受到了不同的压力。大量的对工作压力的研究表明，工作压力对工作者的影响是不容小觑的。适度的压力可能会促进工作者提高工作效率。但是长时间的压力会影响工作者的健康。研究表明，50%~80% 的疾病都是身心疾病或是由工作压力引起的疾病。[4] [16] [14] 除了对身体有影响，高度的工作压力还会引起工作者的不满，使工作者产生职业倦怠，出现工作效率下降、日常敷衍工作甚至离职的现象。

目前，工作压力研究领域，研究总体还处于描述性状态。关于工作压力研究的传统理论，也有很大的空间去完善。传统理论的研究希望能找出使大多数人都会感受到工作压力的原因，这就产生了一个重要的问题，即在现实生活中，是否存在大多数人都能感受到压力的工作条件？如果存在这样的条件，那会不会存在可以解决这个问题的理论框架，并对实际行为起预测作用？这也是目前关于工作压力的研究中应该解决的问题。在当代社会，工作压力受到越来越多的注意，近年大量的关于工作压力的研究致力于了解工作压力产生的原因及其后果，并取得了一些成果。现阶段 Lazarus 的交互作用理论受到多数学者的注意，其他压力模型还不具有概括大量现象的能力，所以，关于工作压力的研究还在探索中。[9] [15]

（二）职业倦怠

Freudenberger 于 1974 年第一次提出职业倦怠的概念，自此之后很多学者对这一概念进行了深入的理论研究和界定，最为广大学者认可及应用的是美国学者 maslach 等人认为的职业倦怠的概念，即以人为工作对象的工作者，经常面临一些不确定感，且经常将感情投入在当事人身上，因此他们的情绪就极容易变枯竭，从而产生精疲力竭等症状，可以分为三个纬度，即情绪衰竭、去个性化和低个人成就感。[1][16] 多数国内学者认为职业倦怠是个体在工作重压下产生的身心疲劳与耗竭的状态。不同学者对职业倦怠的理解不同，显示了研究者认识角度的不同。通过研究前人较有影响力的概念发现，职业倦怠有以下特征：（1）工作压力超出了工作者的投入；（2）工作者出现情绪疲惫现象 [2] [19]；（3）工作者有退缩、消极工作的行为。[10]

国内外研究发现，多数研究的职业倦怠的相关因素包括内部和外部两个主要因素，结合现代社会现状，个人因素非常值得关注，但是我国对职业倦怠的实验性干预研究较少，今后对职业倦怠的实验性研究将有很大的发展空间。

（三）领导成员交换理论

领导成员交换理论（LMX）是近年来应用广泛的重要理论，领导成员交换理论始于1972年，最初主要研究新员工的社会化方面，后 George Gmen 于 1976 年领导权变理论，后 Bass 于 1985 年正式提出了交换型领导行为理论和变革型领导行为理论。目前，LMX 不断完善，此理论也受到了社会的广泛关注。Gerstner 和 Day 的元分析认为，LMX 与工作绩效，对上级的满意度、总体满意度、角色冲突和自身能力等之间都存在着显著的交互作用。因此，LMX 的研究有利于帮助理解领导关系现象。

在一些领导成员交换理论对工作压力的研究中发现，领导成员交换会有效缓解工作者的职业倦怠，但直接研究 LMX 对工作压力和职业倦怠的影响并不多。从 LMX 理论的不断发展来看，今后对 LMX 的研究会更谨慎更科学，应用也将更普遍。

三、研究意义

（一）理论意义

1. 西方国家关于工作压力的研究已经开始了几十年，然而我国对此的相关研究较之西方国家还有些差距，大量研究表明，工作压力对工作者的身心健康都会造成很大伤害，研究医疗器械行业人力资源从业者的工作压力的相关因素，能够丰富目前对这一领域的理论认识。

2. 在社会竞争日益激烈的今天，人们的观念、心理、行为等都在发生着一系列的变化，各种与压力有关的身心障碍和适应性障碍应运而生。进行职业的倦怠研究，能促进和完善人力资源管理，可以扩充组织行为的内容，还对管理心理学的发展起促进作用，在情绪管理、压力管理和支持员工等方面提供理论指导。

（二）实践意义

1. 帮助领导者理解工作压力和职业倦怠之间的关系，更好地帮助领导营造减少员工工作压力的环境。前人的研究表明，单纯的物质性激励并不能减少员工的工作压力，当员工的基本物质需要得到满足，工作环境、成就感、自我效能感等高级的心理需求也会影响工作压力的产生。本节所研究的工作压力的影响因素，能更好地帮助管理者了解员工工作压力产生的根源，从而制定建设性的解决方案，提高员工的工作积极性。

2. 职业倦怠是指员工在长期工作压力下所产生的一种疲劳综合征，主要表现为情绪枯竭、低成就感、工作积极性下降等的症状，职业倦怠影响员工的工作热情，在人力资源目前被越发重视，医疗器械行业面临巨大挑战的情况下，医疗器械公司对人力资源的期待越来越大，要求越来越高。使人力资源工作者受到了压力，研究人力资源工作者的工作压力对职业倦怠的影响，有利于发现职业倦怠的影响因素，进而找到解决办法，提高人力资源从业者的工作效率，减轻从业者的工作压力。

3. 领导成员交换理论是组织发展中不可忽视的理论之一，从我国企业各级关系来看，理论研究和实质性研究都有很大的进步发展空间。中国传统文化下存在一种人治文化模式，这种模式对中国企业的管理制度有不可忽视的影响。在这种模式下，员工的公平感受就会受到或多或少的影响。[20] [17] 本节所研究的领导成员交换理论，能更好帮助管理者了解 LMX 对管理员工的意义，帮助管理者更好运用领导成员理论来管理员工。

四、研究内容

本次研究以山东省医疗器械行业的人力资源从业者为研究对象，研究此行业人力资源从业者的工作压力的高低对职业倦怠的影响程度，同时引入领导成员交换的调节作用进行分析。

首先是进行人员选择，对山东省医疗器械行业的公司进行选择，选出符合研究条件的被试，然后通过发放问卷的方式得到被试的数据，并按照一定的标准分为高工作压力组、有工作压力组和无工作压力组，职业倦怠分别采用三个变量，包括情绪枯竭、去个性化和低自我成就感，对比分析工作压力的高低是否和职业倦怠有一定的关系。然后引入领导成员交换的理论，对比分析领导成员交换是否缓解了工作压力对职业倦怠的影响。

五、研究假设

根据以上分析，本节提出以下假设：

人力资源从业者的工作压力对职业倦怠有显著的负向影响。

人力资源从业者的工作压力对职业倦怠有显著的正向影响。

领导成员交换调节人力资源从业者工作压力对职业倦怠的影响。

综上所述，本研究的理论假设模型如下所示：

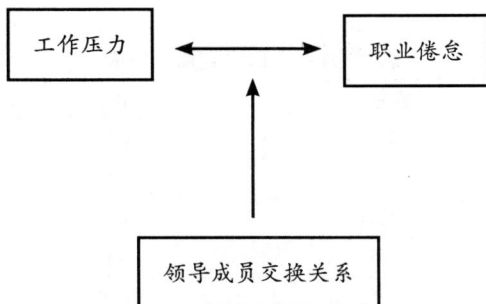

图 2.4.1　领导成员交换对工作压力与职业倦怠的调节效应模型

六、研究方法

（一）样本选取

本研究以山东省医疗器械行业人力资源从业者为研究对象，数据的获得主要有三个来源，一是去山东省医疗器械公司人力资源部门发放纸质问卷，二是去山东省医疗器械公司人力资源部门调研，三是通过电子邮件形式向公司发放问卷。共发放问卷 361 份，获取有效样本 336 份，有效率为 93%，其中男性 175 人、女性 161 人、大专及以下 123 人、本科 165 人、硕士及以上 48 人，25 周岁以下 28 人、26~35 周岁 134 人、36~45 岁 95 人、46~55 岁 60 人、56 岁及以上 19 人。

（二）变量测量

1. 工作压力量表

使用 Weiss 于 1976 年开发的工作压力量表，此量表从工作压力、工作满足、组织承诺三个维度对工作压力进行测量，信度分别为 0.86、0.89、0.90。

2. 职业倦怠量表

使用由 Michael Leiter 编制，李超平修改的职业倦怠量表，该量表包含三个维度，分别为情绪衰竭、玩世不恭和低成就感，[1][8] 信度分别为 0.88、0.83、0.82。

3. 领导成员交换量表

使用葛伦和 Uhl Bien 于 1976 年开发的领导成员交换量表，此量表从 LMX-E、LMX-L、LMX-C（情感、贡献、忠诚）三个维度对领导成员交换进行测量，信度为 0.86。

（三）人口学变量

表 2.4.1　人口学变量一览表

项目	类别	频率	百分比
性别	男	175	52.08%
	女	161	47.9%
学历	高中及以下	40	11.9%
	专科	71	21.13%
	本科	125	37.2%
	硕士	22	6.54%
	博士	12	3.57%
年龄	25 岁及以下	22	6.54%
	26~35 岁	105	31.25%
	36~45 岁	79	23.51%
	46~55 岁	52	15.48%
	56 岁之后	12	3.57%
总计		336	100%

七、研究结果

（一）相关

表 2.4.2　三个变量之间的相关关系矩阵

变量	工作压力	职业倦怠	领导成员交换
工作压力	1		
职业倦怠	0.736**	1	
领导成员交换	0.243**	0.343**	1

1. 工作压力与职业倦怠的相关关系研究

工作压力与职业倦怠成正相关，相关关系为 0.736，即工作压力与职业倦怠在 0.01 显著性水平上呈现显著的正向相关关系。

2. 工作压力与领导成员交换关系的相关关系研究

工作压力与领导成员交换关系成正相关，相关关系为 0.243，即工作压力与领导成员交换之间存在正向相关关系，但不显著。

3. 职业倦怠与领导成员交换的相关关系研究

职业倦怠与领导成员交换关系成正相关，相关关系为 0.343，即职业倦怠与领导成员交换之间存在正向相关关系，但不显著。

（二）回归

表 2.4.3　工作压力与职业倦怠的回归分析矩阵

自变量	R	R^2	调整后 R^2	B	β	T.	Sig
常量				2.562		7.799	0.000
工作压力	0.736a	0.541	.540	0.105	0.736	19.844	0.000

a. 预测变量：（常量）工作压力　b. 因变量：职业倦怠

由表 2.4.3 可以看出，工作压力进入职业倦怠水平的回归方程 R > 0.5（β=0.736，p < 0.05），证明工作压力和职业倦怠水平之间存在着较为显著的线性关系，说明工作压力对职业倦怠水平具有显著影响。

表 2.4.4　工作压力与领导成员交换的回归分析矩阵

自变量	R	R^2	调整后 R^2	B	β	T.	Sig
常量				31.117		19.899	0.000
工作压力	0.243a	0.059	0.056	0.115	0.243	4.574	0.000

a. 预测变量：（常量）工作压力　b. 因变量：领导成员交换

由表 2.4.4 可以看出，工作压力进入领导成员交换关系的回归方程 R < 0.5（β=0.243，p < 0.05），证明工作压力和领导成员交换关系之间不存在较为显著的线性关系，说明工作压力与领导成员交换关系之间没有显著影响。

表 2.4.5　职业倦怠与领导成员交换的回归分析矩阵

自变量	R	R^2	调整后 R^2	B	β	T.	Sig
常量				4.904		8.16	0.000
职业倦怠	0.343a	0.118	0.115	0.103	0.343	6.672	0.000

预测变量：（常量）职业倦怠　b. 因变量：领导成员交换

由表 2.4.5 可以看出，职业倦怠进入领导成员交换关系的回归方程 R < 0.5（β=0.343，p < 0.05），证明职业倦怠和领导成员交换关系之间不存在较为显著的线性关系，说明职业倦怠与领导成员交换关系之间没有显著影响。

（三）领导成员交换关系的调节作用

表 2.4.6　领导成员交换的调节效应验证结果

变量	职业倦怠
工作压力	0.736
领导成员交换	0.0808
R^2	0.0171
P	0.786

由表 2.4.6 可以看出，P=0.786，在 P < 0.5 水平上不显著。可知该方程有统计学意义不大，说明领导成员交换关系对工作压力与职业倦怠的调节效应不显著。

八、研究结论

本节对发放的所有问卷反馈的数据进行了相关性分析、回归分析和调节效应分析，验证了前文中提出的假设，结果如下：

人力资源从业者的工作压力对职业倦怠有显著的负向影响，即人力资源工作者的工作压力越大，他的职业倦怠度越高，他／她所感受到的情绪衰竭度越高，去个性化和低个人成就感越强烈。调节效应 P=0.786 < 0.05，即职业倦怠与领导成员交换关系的交互项不显著，即调节效应不显著。这表明本研究中，领导成员交换关系的高低对人力资源工作者的工作压力和职业倦怠的影响无显著影响。

九、讨论

研究着眼于医疗器械行业人力资源工作者工作性质的特殊性，从其工作压力的角度从发，重点考察领导成员交换关系在工作压力与职业倦怠间的效应。

（一）工作压力与职业倦怠呈显著正相关

本研究中工作压力与职业倦怠的相关系数为 0.736，呈现显著正相关的关系，说明工作压力与职业倦怠之间呈现显著正相关，即员工工作压力越大，其职业倦怠度越高，这一结果与现有研究结果一致，也印证了国内外研究者对于其他群体的研究。人力资源从业者是从事管理人力资源发展人才的专职人员，有其特殊性，多数公司会在人力资源部门实行轮岗制度，因此人力资源从业者拥有多重身份、多重角色，各种角色之间会发生冲突，因而，有些研究显示角色冲突的中介效应更为突出。

（二）领导成员交换关系对人力资源从业者的工作压力与职业倦怠有调节作用

领导成员交换调节了人力资源从业者的工作压力与职业倦怠，但是具体数据显示，高领导成员交换关系与低领导成员交换关系对人力资源从业者的工作压力与职业倦怠的影响不显著，这可能是由于抽样误差所致。根据调查发现，现人力资源部门根据不同的模块进行不同的分工，随着员工自主性的提高和公司制度的发展，越来越多的员工与领导共处一室办公，彼此间相处减少了很多障碍，上下级界限也逐渐模糊，使领导成员交换关系的调节效应不显著。

十、管理启示

（1）山东省医疗器械行业人力资源从业者的工作压力对职业倦怠有显著的影响，进而对他的工作会有消极的态度。资源保存理论认为资源的投入与产出的不均衡是工作压力引发职业倦怠的重要原因，当个体觉得自己缺乏足够资源或无法获得足够资源时，就会产生情绪耗竭、去人性化等消极的情绪和态度。[1] [12] 新政策形式下，医疗器械行业人力资源从业者的工作量大、时间紧张、境遇多变，需要投入大量资源以应对工作需求，如此就容易产生情绪耗竭和低自我效能感。随着新政策的提出，医疗器械行业员工的工作任务不断加重，工作压力也越来越大，如果他们觉得自己没有足够的资源应对，或者觉得自己的资源投入没有获得相应的收益，他们就会觉得情绪耗竭，并表现为去人性化。所以，管理者要重视员工的工作压力问题，领导要重视调查，不能想当然或只看表面现象。对员工进行不定期的调查，实时了解员工工作压力状况，了解员工工作负荷水平，及时做出改善措施。

在工作负荷水平难以降低，或社会对人力资源工作者的期望和低工作挑战性等所带来的压力过大的情况下，组织应给予他们足够的经济回报、增加培训以提升其知识和能力、将福利延伸至家庭以维持良好的婚姻和家庭等方式，增加员工的固有资源；组织和领导应给予员工积极支持，尽量满足他们顺利开展日常工作的各种资源，帮助他们维持资源平衡，从而使员工保持对政府审计工作的工作热情，避免职业倦怠。

（2）领导成员交换对医疗器械行业人力资源工作者工作压力与职业倦怠的关系起调节作用不大，但是领导成员交换关系作为一种条件性资源，影响个体的抗压潜能，在领导与员工的关系方面起着不容忽视的作用。纵观国内外研究，大量研究都证实良好的领导成员交换是领导与员工的调节器，良好的领导成员交换能够缓解消极的组织或个体因素对工作态度与行为的负面影响。造成这一结果的可能原因是该群体的特殊性，根据线下调查得知，很多公司的人力资源从业者都有自己的事务性工作，个体之间比较独立。

但是，领导成员交换作为一种有价值的资源依旧值得管理者充分利用，在领导与员工之间搭建一座好的沟通桥梁，能够有效降低彼此的工作负荷，减少员工的职业倦怠感。在管理实践中，企业不仅要有自己的文化，还需要构建让员工安心的组织氛围，减弱权力造成的负面影响；领导也要尊重、关爱、信任自己企业的员工，与他们真诚交流、沟通并给予及时支持。

十一、研究局限与展望

本研究存在以下局限性：一是研究对象具有局限性。研究对象为山东省内医疗器械行业的人力资源工作者，并不包括山东省外的医疗器械行业的人力资源工作者，而带量采购政策影响最大的是销售人员，销售人员直接和医院有接触，和产品接触。工作压力可能也更大，后续研究应重点研究该群体的工作压力、职业倦怠等相关问题。二是工作压力对职业倦怠的影响机制可能存在其他的中介变量。[1] [13] 未来研究需要进一步对其他有可能影响工作压力与职业倦怠的边界条件和路径进行探讨，为管理实践提供更具解释力的理论依据。三是受研究成本和时间等条件限制，本研究采用的是横向研究法，横断设计的本质限制了变量间因果关系的推论。与此同时，本研究中包容型领导和领导成员交换与工作倦怠的个人成就感降低之间的相关性未达到显著水平。这一结果是取样的偏差所致，还是变量间的真实性关系如此，还有待更多的研究来进行考察。

该研究无法反映医疗器械行业人力资源从业者工作压力的变化所带来的职业倦怠水平的变化，后续研究可以采用追踪研究方法，动态观察人力资源从业者的工作压力、心理契约、领导成员交换和职业倦怠的关系，从而使研究结论更具因果解释力和实践指导价值。

第三章　创新人才的工作满意度

第一节　职业倦怠对工作满意度的影响

在时代的发展和国家的大力支持下，中医药事业得到了进一步发展，中医药学科建设加强，并且培养出一批新时代所需要的中医药人才，他们承担了促进中医药创新发展的关键任务，对我国中医药事业的传承创新发展具有战略性意义，因此中医药人才的工作满意度问题成为公众关注的重要内容。本研究重在关注中医药人才工作内源性压力和工作外源性压力对工作满意度的影响，并探索职业倦怠在其中的中介作用。结果表明：在以中医药人才为研究对象时，工作内源性压力显著正向影响工作满意度（$r=0.229$，$p < 0.01$），工作外源性压力显著负向影响工作满意度（$r=-0.188$，$p < 0.01$），工作内源性压力显著负向影响职业倦怠（$r=-0.255$，$p < 0.01$），工作外源性压力显著正向影响职业倦怠（$r=0.263$，$p < 0.01$），职业倦怠显著负向影响工作满意度（$r=-0.254$，$p < 0.01$），职业倦怠在工作内源性压力与工作满意度之间起部分中介作用（$\beta=0.0364$，$p < 0.01$），职业倦怠在工作外源性压力与工作满意度之间起完全中介作用（$\beta=-0.0475$，$p < 0.01$）。

一、前言

（一）研究背景

近年来，中医药越来越得到国际、国内社会的认可，在健康中国新时期，大众对中医药的需求急剧增长，进而催生了对中医药人才队伍的需求。中医药人才队伍肩负了保护大众生命安全、推进国家医药创新、医药科技实力发展和健康中国建设的重大责任。2020年暴发的新冠疫情，中医药人才队伍在全程防治工作中发挥了非常重要的作用。所以，中医药人才的培养和发展对我国中医药事业的传承创新发展具有战略性意义。中医药人才良好的工作状态，是促进其发展的重要因素，但是由于其特殊的工作性质、当前社会资源相对短缺、对医疗服务高要求与容纳能力不平衡、对中医药自信心和认可度相对较低等系列原因，容易使当下这个群体产生工作压力大、工作满意度低、对职业产生倦怠等问题。这些问题不仅妨碍中医药人才的专业发展，同时也影响他们的工作投入度、工作质量和工作创新等，甚至会影响医疗资本实力的稳定性[1]。

（二）研究目的

医学人才队伍是一个国家医疗服务事业发展的基石，他们的工作态度和工作质量直接影响着民众的生命健康。中医药发展一直受西医的掣肘，随着国家提出文化自信、文化输出和健康中国建设等政策支持，以及中医药在治未病和一些疾病方面的特殊功效，逐渐让中医药再次受大众认同。所以，从事中医药的工作人员是一个比较特殊的医疗群体，他们在为大众服务的同时，也承受着不同的压力。本研究试图探索这个群体的压力源，探究他们对工作的一些基本看法和持有的价值观念，进而在分析后提出一些缓解压力的对策，让这类医疗群体能够更好地发挥其工作主动性。

（三）研究意义

本研究着眼于实践价值，通过对中医药人才工作压力与工作满意度关系的调查研究，帮助医院管理者全方位深层次地了解中医药人才队伍工作满意度情况，有针对性地制定管理措施以提高中医药人才的工作胜任能力，为医院的管理提出合理化建议，促进医生队伍提高工作质量。

（四）概念界定

1. 工作压力

专家学者从不同的研究角度、维度研究工作压力。Selye（1980）认为压力是个体在不同情景中所产生的特异性心理反应。Lazarus（1978）认为压力是个体为了满足自身需求所产生的一种身心变化。徐长江（1999）认为在个体应对压力策略的影响下，会引起个体生理、心理和行为上的反应，由此可以研究工作压力系统[2]。许小东[3]（2004）在分析工作压力的过程中，以压力源为中心，发现不同的压力源角度将会影响结果的变化，他将压力源分为内源性压力和外源性压力。汇总相关压力源维度研究，经常被学者采用的指标有工作强度、工作难度、工作责任、工作角色等[4, 5]。

综上，本研究认为，工作内源性压力是指工作本身引起的压力，工作外源性压力是指在工作中工作环境、工作场所的人际关系等由与工作本身无关的因素所引起的压力。

2. 工作满意度

Hoppock（1935）提出员工对工作的情境所产生的主观反应就是工作满意度[6]，Vroom则认为是工作各个层面的特性和所自己工作的重要性两者的乘积。Weiss（2002）给出的定义是员工在工作中通过身心劳动并在这个过程中收获一些精神或物质奖励时所得到的主观性心理感受[7]。Levy 和 Garboua（2007）认为工作满意度指的是个体在某阶段工作的经历和所得收益的比例 [8]。Cranny、Smith 和 Stone（2004）认为个体将预期收益和实际收益相对比时所产生的心理感受就是工作满意度 [9]。

综上，本研究认为，工作满意度是个体根据工作对自己的重要性程度，受不同影响因素而产生的主观心理反应和内在感受。

3. 职业倦怠

Freudenberger（1974）最早提出职业倦怠这一概念，是在一定程度的工作压力下形成的极端反应，导致员工的情感、行为、态度等出现耗竭状态，同时也会对自身情感、行为和态度等产生影响 [10]。蔡融 [11]（2006）提出职业倦怠指的是人们在工作过程中感到厌烦无趣，对自己的工作提不起兴趣、缺乏热情、创新工作动机降低，由此而产生的一种精疲力竭、在工作中感到崩溃甚至厌倦人生的现象。

Maslach 和 Jackson（1996）从职业倦怠的表现形式，即情感耗竭、去个性化和低成就感等，来解释职业倦怠。情感耗竭是指因情感资源消耗过度，而对工作缺乏投入感；去个性化是指员工的主观能动性降低；低成就感指员工对工作产生的成就感下降、对工作把握能力的感受性降低，消极地评价工作价值和意义的一种倾向 [12]。

综上，本研究认为，职业倦怠是在一定的工作压力下，个体对工作产生情感倦怠，甚至枯竭的心理状态。不同个体对职业倦怠的反应和忍受程度不同。

（五）研究假设

知识性员工对具有挑战性的工作存在较高的兴趣和较强的成就动机，工作压力较大并不会引起他们的不满；与此同时，他们对工作质量要求较高，重视工作满意感 [4]。在学者对工作压力的研究过程中，发现高层管理人员、新时代人才员工等知识型员工工作压力相对较大，尤其是工作内源性压力 [13、14]。从接受教育的程度和工作性质上来看，中医药人才属于知识性员工一类。由此，提出第一个假设：

H1：工作内源性压力对中医药人才的工作满意度产生正向影响。

赵丹 [15]（2013）提出组织环境产生的压力会给销售人员带来极差的工作满意度，周威 [16]提出教师的职业发展压力过大会引起对他们工作的不满。工作外源性压力过大将会增加中医药人才对工作的负面感受，在工作过程中获得消极体验，而且在持续的、低间歇的高压工作环境中，容易造成中医药人才对工作现状的不满和对自身职业的抱怨。由此，提出第二个假设：

H2：工作外源性压力对中医药人才的工作满意度产生负向影响。

许小东 [5] 在研究中提出，许多知识型员工的工作压力程度与工作成就感、荣誉感、受尊重与受信任感，呈现了一种正相关关系，即工作的难度、强度和挑战度越高，他们的工作热情就越高，由此，提出第三个假设：

H3：工作内源性压力对中医药人才的职业倦怠产生负向影响。

徐富明[17]（2003）等人在研究中发现，不同压力源对教师职业倦怠的影响程度不同，其中，工作负荷对职业倦怠的影响程度最大。白玉苓[18]（2010）提出员工的角色不稳定会引发角色压力，进而催生对工作的不满，引发职业倦怠。由此，提出第四个假设：

H4：工作外源性压力对中医药人才的职业倦怠产生正向影响。

部分研究显示，在职业倦怠的结果变量中，工作满意度作为一个重要的变量，是个体对工作态度的最直接反映。对自身职业产生倦怠的员工，往往不会采取积极的态度配合工作安排，容易在心理上与工作之间形成抗拒状态，体验不到工作带来的满足感，进而直接导致对工作的不满意。因此。对自身职业产生倦怠的个体，容易对工作持不满态度。而热爱自身职业的员工，往往愿意主动配合各种工作任务的完成，对待工作认真负责，在工作的过程中和结果中获得满足感，进而增加工作满意度。Jagdip singh 曾提出工作倦怠是导致低工作满意度的原因[19]（1994）。由此，提出第五个假设：

H5：职业倦怠对中医药人才的工作满意度产生负向影响。

同时，有专家研究发现，面对工作中的巨大压力，当工作压力不断累积，达到一定程度时，个体会自觉或者不自觉地对他人和工作环境在态度上发生转变，如对工作环境、福利报酬以及单位领导与管理等方面的满足或不满足，而这些方面都会导致个体对工作价值和意义产生怀疑。当心理期望长期得不到满足时，个体自然不愿意付出过多的热情与努力，结果极易造成心理失衡，从而导致职业倦怠等负面结果的产生。由此，提出第六、第七个假设：

H6：职业倦怠在中医药人才的工作内源性压力与工作满意度之间起中介作用。

H7：职业倦怠在中医药人才的工作外源性压力与工作满意度之间起中介作用。

（六）假设模型

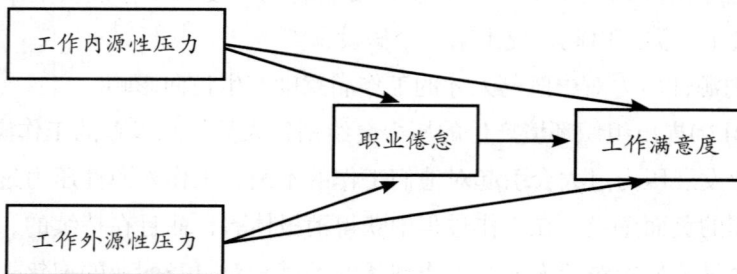

图 3.1.1　假设模型

二、研究方法

（一）研究样本

针对国内在医院工作的中医药人才，采用随机抽样的方式进行线上问卷调查，回收问卷 235 份，有效问卷 225 份，有效率为 95.74%。

表 3.1.1 部分人口变量描述性统计

项目	类别	频率	百分比
性别	男	110	48.9%
	女	115	51.1%
学历	高中 / 中专及以下	17	7.6%
	大专	49	21.8%
	本科	91	40.4%
	硕士	39	17.3%
	博士	29	12.9%
工作年限	1 年以内	30	13.3%
	1~5 年	61	27.1%
	6~10 年	39	17.3%
	11~15 年	34	15.1%
	16~20 年	33	14.7%
	21~25 年	13	5.8%
	26~30 年	9	4.0%
	30 年以上	6	2.7%
职称	住院医师	103	45.8%
	主治医生	59	26.2%
	副主任医师	39	17.3%
	主任医师	24	10.7%
Total		225	100.0%

（二）研究工具

1. 工作压力量表

选用许小东于 2004 年编制的工作压力量表，其中，1~10 题探究工作内源性压力维度，11~20 题探究工作外源性压力维度。题目采用 Likert5 点记分，"1 至 5"表示同意程度由最低到最高，经信度分析后，两个分量表的 α 系数分别为 0.80 和 0.76，总量表的 α 系数为 0.78，说明该量表具有较高的可靠性。[5]

2. 职业倦怠量表

选用李超平和时勘于 2003 年修订的 MBI - GS 量表，采用 Likert7 点计分，1~9 题采用正向计分，分数越高，职业倦怠越高，第 10~15 题为反向计分，分数越低，职业倦怠越低。经信度分析，该量表的 α 系数为 0.82，说明该量表具有较高的可靠性。[20]

3. 工作满意度量表

选用 Weiss 等人于 1967 年编制的明尼苏达满意度问卷，问卷分为长式和短式，本研究采用短式量表，共 20 个题目，采用 Likert5 点计分，"1"代表非常不满意，"5"代表非常满意。该量表的 α 系数为 0.897，说明该量表具有较高的可靠性。

（三）研究技术

采用 Spss 软件和 process 插件对数据进行描述性统计分析，运用皮尔逊相关分析考察变量之间的相关关系，运用回归分析考察变量之间的因果关系以及中介效应的作用。

三、结果与分析

（一）人口学变量

1. 中医药人才职业倦怠、工作压力和工作满意度在性别上的差异

通过独立样本 t 检验发现，在工作满意度方面，女性中医药人才得分略高于男性中医药人才，这与 Hoppock（1935）研究中的女性的工作满意度高于男性相符[6]。通过对各个维度得分的统计发现，女性中医药人才的内源性压力感知更为敏感，而男性中医药人才外源性压力感知略高于女性。在职业倦怠方面，男性中医药人才的得分（3.46）高于女性（3.41），这说明男性中医药人才在职业倦怠上的表现可能更为严重。

表 3.1.2　中医药人才职业倦怠、工作压力和工作满意度在性别上的独立样本 T 检验

变量	职业倦怠	工作内源性压力	工作外源性压力	工作满意度
男	3.46±0.53	2.48±0.36	2.44±0.37	3.79±0.29
女	3.41±0.68	2.53±0.55	2.40±0.41	3.83±0.35
T	-3.393	-0.813	0.687	-1.053
P	0.506	0.417	0.493	0.294

2. 中医药人才职业倦怠、工作压力和工作满意度在年龄上的差异

通过表 3.1.3 可以发现，职业倦怠的均值最高分为 3.63，出现在 56~60 岁水平中，最低分为 3.31，出现在 26~30 岁水平中；工作内源性压力的均值最高分为 2.67，出现在 60 岁以上的水平中，最低分为 2.42，出现在 36~40 岁水平中；工作外源性压力的均值最高分为 2.71，出现在 56~60 岁水平中，最低分为 2.35，出现在 41~45 岁水平中；工作满意度的均值最高分为 3.96，出现在 60 岁以上水平中，最低分为 3.75，出现在 56~60 岁水平中。通过以上分析，我们发现四个变量的最高分所在水平比最低分所在水平高。

表 3.1.3　中医药人才职业倦怠、工作压力和工作满意度在年龄上的 ANOVA 检验

变量	职业倦怠	工作内源性压力	工作外源性压力	工作满意度
26~30 岁	3.31±0.78	2.60±0.50	2.35±0.47	3.77±0.36
31~35 岁	3.47±0.46	2.49±0.32	2.46±0.35	3.77±0.27
36~40 岁	3.49±0.58	2.42±0.30	2.37±0.31	3.82±0.23
41~45 岁	3.36±0.67	2.56±0.52	2.35±0.39	3.85±0.38
46~50 岁	3.48±0.53	2.43±0.40	2.46±0.32	3.82±0.30
51~55 岁	3.45±0.70	2.59±0.72	2.47±0.46	3.76±0.49
56~60 岁	3.63±0.41	2.49±0.50	2.71±0.28	3.75±0.18
60 岁以上	3.36±1.03	2.67±1.09	2.51±0.86	3.96±0.45
F	0.465	0.823	1.291	0.557
P	0.859	0.569	0.256	0.790

3. 中医药人才职业倦怠、工作压力和工作满意度在学历上的差异

由表 3.1.4 可知，学历在职业倦怠方面存在显著性差异（p<0.05），中医药人才的工作满意度均值在高中中专及以下、大专、本科、硕士及博士分别为 3.82、3.82、3.80、3.81、3.80；中医药人才的职业倦怠均值在高中、中专及以下，大专，本科，硕士及博士分别为 3.72、3.45、3.46、3.21、3.47；中医药人才的内源性均值在高中、中专及以下，大专，本科，硕士及博士分别为 2.33、2.50、2.47、2.62、2.58；中医药人才的工作外源性压力均值总分在高中、中专及以下，大专，本科，硕士及博士分别为 2.45、2.41、2.42、2.40、2.45。

表 3.1.4　中医药人才职业倦怠、工作压力和工作满意度在学历上的 ANOVA 检验

变量	职业倦怠	工作内源性压力	工作外源性压力	工作满意度
高中、中专及以下	3.72±0.63	2.33±0.36	2.45±0.31	3.82±0.25
大专	3.45±0.57	2.50±0.35	2.41±0.36	3.82±0.28
本科	3.46±0.55	2.47±0.37	2.42±0.35	3.80±0.29
硕士	3.21±0.70	2.62±0.67	2.40±0.48	3.81±0.36
博士	3.47±0.69	2.58±0.62	2.45±0.49	3.80±0.46
F	2.319*	1.535	0.107	0.019
P	0.05	0.193	0.980	0.999

注：* 表示在 0.05 水平上显著，** 表示在 0.01 水平上显著，*** 表示在 0.001 水平上显著，下同。

4. 中医药人才职业倦怠、工作压力和工作满意度在工作年限上的差异

由表 3.1.5 可知，在职业倦怠、工作内源性压力、工作外源性压力和工作满意度方面，工作年限为 30 年以上的中医药人才分数均值皆为最高值。

表 3.1.5　中医药人才职业倦怠、工作压力和工作满意度在工作年限上的 ANOVA 检验

变量	职业倦怠	工作内源性压力	工作外源性压力	工作满意度
1 年以内	3.50±0.58	2.47±0.34	2.34±0.37	3.72±0.39
1~5 年	3.42±0.61	2.51±0.41	2.47±0.40	3.80±0.27
6~10 年	3.52±0.43	2.41±0.38	2.42±0.33	3.78±0.26
11~15 年	3.35±0.55	2.57±0.52	2.40±0.40	3.85±0.29
16~20 年	3.33±0.72	2.48±0.46	2.33±0.36	3.82±0.40
21~25 年	3.42±0.69	2.59±0.71	2.45±0.44	3.93±0.34
26~30 年	3.28±0.91	2.62±0.70	2.47±0.34	3.84±0.42
30 年以上	4.11±0.58	2.67±0.91	2.73±0.75	3.96±0.31
F	1.543	0.607	1.191	0.905
P	0.154	0.750	0.309	0.503

5. 中医药人才职业倦怠、工作压力和工作满意度在职称上的差异

通过表 3.1.6 可以发现，职称在职业倦怠、工作内源性压力、工作外源性压力及工作满意度上均不存在显著性差异。

表 3.1.6　中医药人才职业倦怠、工作压力和工作满意度在职称上的 ANOVA 检验

变量	职业倦怠	工作内源性压力	工作外源性压力	工作满意度
住院医生	3.46±0.56	2.44±0.32	2.40±0.36	3.78±0.27
主治医生	3.44±0.58	2.57±0.56	2.41±0.33	3.77±0.29
副主任医师	3.49±0.62	2.54±0.50	2.48±0.37	3.92±0.32
主任医师	3.24±0.61	2.60±0.68	2.44±0.63	3.85±0.52
F	1.023	1.495	0.484	2.141
P	0.383	0.217	0.694	0.096

6. 中医药人才职业倦怠、工作压力和工作满意度在工作类型上的差异

研究结果表明（由表 3.1.7 可知），工作类型在工作内源性压力和工作外源性压力方面上具有显著性差异（$p < 0.05$）。在中医药人才的职业倦怠和工作满意度方面，正式在编人员的均值分别为 3.32、3.87，聘任制员工的均值分别为 3.46、3.79，临时工作人员的总分均值为 3.57、3.76。在中医药人才工作内源性压力和工作外源性压力方面，正式在编人员的均值分别任为 2.62、2.33，聘任制员工的均值分别为 2.43、2.49，临时工作人员的均值为 2.50、2.41。

表 3.1.7　中医药人才职业倦怠、工作压力和工作满意度在工作类型上的 ANOVA 检验

变量	职业倦怠	工作内源性压力	工作外源性压力	工作满意度
正式在编人员	3.32±0.76	2.62±0.64	2.33±0.43	3.87±0.38
聘任制员工	3.46±0.52	2.43±0.35	2.49±0.37	3.79±0.29
临时工作人员	3.57±0.49	2.50±0.32	2.41±0.36	3.76±0.26
F	2.590	3.755*	3.322*	2.235
P	0.077	0.025	0.038	0.109

7. 中医药人才职业倦怠、工作压力和工作满意度在平均月收入上的差异

通过 3.1.8 表可知，平均月收入在工作满意度方面存在显著性差异（$p < 0.01$），在中

医药人才的工作内源性压力、工作满意度方面，均值总分的最高值皆为6000元及以上水平。

表3.1.8 中医药人才职业倦怠、工作压力和工作满意度在平均月收入上的 ANOVA 检验

变量	职业倦怠	工作内源性压力	工作外源性压力	工作满意度
3000 元以下	3.55±0.61	2.45±0.44	2.49±0.25	3.53±0.28
3000~3999 元	3.42±0.56	2.43±0.33	2.36±0.10	3.79±0.27
4000~4999 元	3.42±0.65	2.48±0.44	2.42±0.36	3.81±0.29
5000~5999 元	3.42±0.65	2.48±0.41	2.46±0.41	3.81±0.24
6000 元及以上	3.45±0.73	2.62±0.61	2.39±0.48	3.89±0.42
F	0.161	1.186	0.599	4.240**
P	0.958	0.318	0.664	0.003

（二）变量之间的相关关系

如表3.1.9 所示，工作内源性压力和工作满意度之间存在正相关，工作外源性压力和工作满意度之间存在负相关，工作内源性压力和职业倦怠之间存在负相关，工作外源性压力和职业倦怠之间存在负相关，职业倦怠和工作满意度之间存在负相关。

表3.1.9 各变量相关关系矩阵

变量	工作内源性压力	工作外源性压力	工作满意度	职业倦怠
工作内源性压力	1			
工作外源性压力	0.053	1		
工作满意度	0.229**	-0.188**	1	
职业倦怠	-0.255***	0.263***	-0.254***	1

（三）研究模型中直接效应的检验

1. 工作内源性压力、工作外源性压力对工作满意度的回归分析

以人口学变量为控制变量，工作内源性、外源性压力为自变量，职业倦怠为因变量。Model 1 指性别、年龄等对工作满意度的影响，Model 2 在 Model 1 的基础上加入工作内源性压力对工作满意度的影响，Model 3 在模型 1 的基础上加入工作外源性压力对工作满意度的影响。分析后发现，平均月收入（Beta=0.213，$P < 0.01$）对工作满意度有显著影响；工作内源性压力和工作满意度之间存在显著的线性关系（Beta=0.188，$P < 0.01$）；工作外源性压力和工作满意度之间存在显著的线性关系（Beta=-0.191，$P < 0.01$）。与 Model 1 相比，Model 2 的 F 值检验显著（F=3.849，$P < 0.001$），说明模型拟合度较好。中医药人才工作内源性压力有显著的预测作用，能够解释工作满意度12.5%的变异。相比 Model 1，Model 3 的 F 值检验显著（F=3.918，$P < 0.001$），说明模型拟合度也较好。中医药人才工作外源性压力有显著的预测作用，能够解释工作满意度12.7%的变异，具体分析见表3.1.10。

表 3.1.10　工作内源性压力、工作外源性压力对工作满意度的回归分析

预测变量	工作满意度					
	Model1		Model2		Model3	
	Beta	T	Beta	T	Beta	T
性别	0.029	0.431	0.025	0.384	0.021	0.329
年龄	0.003	0.049	0.008	0.117	0.022	0.337
学历	-.062	-0.926	-0.079	-1.210	-0.055	-0.849
工作年限	0.127	1.885	0.114	1.719	0.133	2.012
职称	0.074	1.113	0.058	0.887	0.086	1.314
工作类型	-.106	-1.581	-0.092	-1.392	-0.084	-1.264
平均月收入	0.213	3.186**	0.195	2.947**	0.212	3.223***
工作内源性压力			0.188	2.880**		
工作外源性压力					-0.191	-2.965**
F	3.109**		3.849***		3.918***	
R 方	0.062		0.125		0.127	

2. 工作内源性压力、工作外源性压力对职业倦怠的回归分析

根据分析，工作类型（Beta=0.132，P < 0.05）对职业倦怠有显著影响，工作内源性压力和职业倦怠之间存在显著的线性关系（Beta=-0.236，P < 0.001），工作外源性压力和职业倦怠之间存在显著的线性关系（Beta=0.256，P < 0.01）。与 Model 1 相比，Model 2 的 F 值检验显著（F=2.604，P < 0.01），说明模型拟合度较好。Model 3 的 F 值检验同样显著（F=2.958，P < 0.001），说明模型拟合度也较好，具体分析见表 3.1.11。

表 3.1.11　工作内源性压力、工作外源性压力对职业倦怠的回归分析

预测变量	职业倦怠					
	Model 1		Model 2		Model 3	
	Beta	T	Beta	T	Beta	T
性别	-0.027	-0.393	-0.022	0.337	-0.017	-0.262
年龄	0.035	0.500	0.029	0.429	0.009	0.135
学历	-0.083	-1.205	-0.060	-0.896	-0.091	-1.367
工作年限	0.019	0.271	0.035	0.514	0.010	0.154
职称	-0.051	-0.742	-0.031	-0.464	-0.067	-1.006
工作类型	0.132	1.922*	0.115	1.707	0.103	1.530
平均月收入	0.009	0.132	0.032	0.474	0.011	0.161
工作内源性压力			-0.236	-3.536***		
工作外源性压力					0.256	3.903***
F	1.130		2.604**		2.958***	
R 方	0.035		0.088		0.099	

3. 职业倦怠对工作满意度的回归分析

由表 3.1.12 可知，平均月收入（Beta=0.213，P < 0.01）对工作满意度有显著影响。职业倦怠和工作满意度之间存在显著的线性关系（Beta=-0.244，P < 0.001）；与 Model 1 相比，

Model 2 的 F 值检验显著（F=4.712，P＜0.01），说明模型拟合度。

表 3.1.12　职业倦怠对工作满意度的回归分析

预测变量	工作满意度			
	Model 1		Model 2	
	Beta	T	Beta	T
性别	0.029	0.431	0.022	0.342
年龄	0.003	0.049	0.012	0.180
学历	-0.062	-0.926	-0.082	-1.263
工作年限	0.127	1.885	0.131	2.013*
职称	0.074	1.113	0.062	0.953
工作类型	-0.106	-1.581	-0.073	-1.123
平均月收入	0.213	3.186**	0.215	3.318***
职业倦怠			-0.244	-3.817***
F	3.109**		∠.712***	
R 方	0.091		0.149	

（四）研究模型中中介效应的检验

1. 职业倦怠在工作内源性压力和工作满意度之间的中介效应分析

利用 process 插件进行检验职业倦怠在工作内源性压力和工作满意度之间的中介效应，具体见表 3.1.13 和表 3.1.14。结果显示，中介效应的系数为 0.0364，且中介效应的置信区间不包括 0（LLCI=0.0030，ULCI=0.0016）表明中介效应显著；工作内源性压力到工作满意度的置信区间不包含零（LLCI=0.0310，ULCI=0.2094），说明 c' 显著且中介路径不唯一；因此，职业倦怠在工作内源性压力和工作满意度之间起部分中介作用，以上分析结果为验证假设 6 提供了支持。

表 3.1.13　职业倦怠在工作内源性压力和工作满意度之间的中介作用模型检验

		β	SE	T	95% 置信区间		R^2	F
					LLCI	ULCI		
职业倦怠	常数	4.2686	0.2150	19.8514***	3.8444	4.6917	0.0649	15.4844***
	工作内源性压力	-0.3320	0.0844	-3.9350***	-0.4982	-0.1657		
工作满意度	常数	3.8858	0.1856	20.9403***	3.5201	4.2515	0.0931	11.3973***
	职业倦怠	-0.1098	0.0347	-3.1601**	-0.1783	-0.0413		
	工作内源性压力	0.1202	0.0453	2.6555**	0.0310	0.2094		

工作内源性压力能够直接预测工作满意度，且职业倦怠能够发挥部分中介作用，其中直接效应（0.1202）占总效应（0.1567）的 76.71%，中介效应（0.0364）占总效应的 23.22%，具体结果见表 3.1.14，三者的路径关系图如图 3.1.2 所示。

表 3.1.14　总效应、直接效应及间接效应分解表

	Effect	Boot SE	T	P	95% 置信区间	
					LLCI	ULCI
总效应	0.1567	0.0446	3.5089	0.0005	0.0687	0.2446
直接效应	0.1202	0.0453	2.6555	0.0085	0.0310	0.2094
间接效应	0.0364	0.0239			0.0030	0.1016

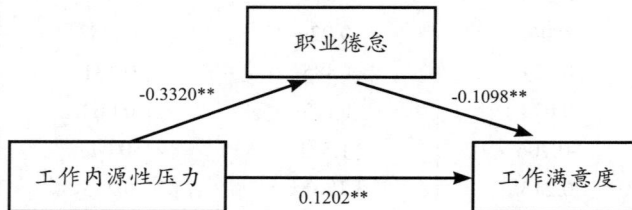

图 3.1.2　中医药人才工作内源性压力、工作满意度和职业倦怠的路径关系图

2. 职业倦怠在工作外源性压力和工作满意度之间的中介效应分析

利用 process 插件检验职业倦怠在工作外源性压力和工作满意度之间的中介效应，具体见表 3.1.15 和表 3.1.16。结果显示，中介效应的系数为 -0.0475，且中介效应的置信区间不包括 0（LLCI=-0.1161，ULCI=-0.0072）表明中介效应显著；工作外源性压力到工作满意度的置信区间包含零（LLCI=-0.2152，ULCI=0.0012），说明 c' 不显著；因此，职业倦怠在工作外源性压力和工作满意度之间起完全中介效应，以上分析结果为验证假设 7 提供了支持。

表 3.1.15　职业倦怠在工作外源性压力和工作满意度之间的中介作用模型检验

		β	SE	T	95% 置信区间		R2	F
					LLCI	ULCI		
职业倦怠	常数	2.4400	0.2479	9.8423***	1.9515	2.9282	0.0692	16.5776***
	工作外源性压力	0.4119	0.1012	4.0716***	0.2125	0.6113		
工作满意度	常数	4.4648	0.1555	28.7096***	4.1583	4.7712	0.0800	9.6575***
	职业倦怠	-0.1153	0.0351	-3.2882**	-0.1845	-0.0462		
	工作外源性压力	-0.1070	0.0549	-1.9483	-0.2152	0.0012		

工作外源性压力能够直接预测工作满意度，而且职业倦怠能够发挥完全中介作用，其中直接效应（-0.1070）占总效应（-0.1545）的 69.26%，中介效应（-0.0475）占总效应的 30.74%，具体结果见表 3.1.16，三者的路径关系图如图 3.1.3 所示。

表 3.1.16　总效应、直接效应及间接效应分解表

	Effect	Boot SE	T	P	95% 置信区间	
					LLCI	ULCI
总效应	-0.1545	0.0541	-2.8538	0.0047	-0.2612	-0.0478
直接效应	-0.1070	0.0549	-1.9483	0.0526	-0.2152	0.0012
间接效应	-0.0475	0.0273			-0.1161	-0.0072

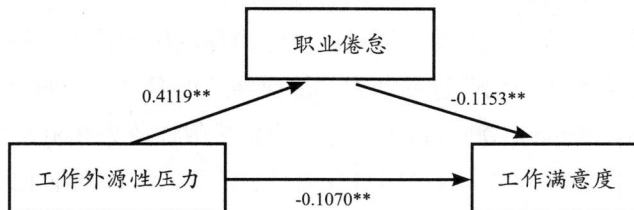

图 3.1.3　中医药人才工作外源性压力、工作满意度和职业倦怠的路径关系图

四、研究结论

表 3.1.17　研究结论

研究假设	检验结果
工作内源性压力对中医药人才的工作满意度产生正向影响	成立
工作外源性压力对中医药人才的工作满意度产生负向影响	成立
工作内源性压力对中医药人才的职业倦怠产生负向影响	成立
工作外源性压力对中医药人才的职业倦怠产生正向影响	成立
职业倦怠对中医药人才的工作满意度产生负向影响	成立
职业倦怠在中医药人才的工作外源性压力与工作满意度之间起中介作用	成立
职业倦怠在中医药人才的工作内源性压力与工作满意度之间起中介作用	成立

五、讨论

（一）各变量之间的相关性分析

为了深入研究各变量之间的关系，本节对收集到的数据进行了 Pearson 相关分析。分析得出，工作内源性压力和工作满意度之间显著正相关，相关系数是 0.229，工作外源性压力和工作满意度之间显著负相关，相关系数是 -0.188，二者均能预测工作满意度，验证了研究假设 1、2 且为接下来进一步进行回归分析提供了坚实的基础。

工作内源性压力和职业倦怠之间显著负相关，相关系数是 -0.255，工作外源性压力和职业倦怠之间显著正相关，相关系数是 0.263，二者均能预测职业倦怠，验证了研究假设 3、4 且为接下来进一步进行回归分析提供了坚实的基础。

职业倦怠与工作满意度之间显著负相关，相关系数是 -0.254，职业倦怠可预测工作满意度，验证了假设 5 且为接下来进一步进行回归分析提供了坚实的基础。

（二）研究模型中直接效应的检验

中医药人才属于接受中华传统医学文化熏陶的知识型员工，在承受高内源性压力时与其他职业的员工有所差别。他们习惯于享受高压环境下解决疑难杂症问题的成就感，乐于靠高端科学技术去控制甚至是消灭病毒并感受到来自攻克医学难题、攀登医学高峰的荣誉感，爱好于接受帮助患者脱离疾病苦海时的尊重以及信任。中医药人才心怀患者，从不惧怕困难和辛苦，能够和患者达到共情，因此，工作内源性压力较大，但这并不会导致他们对职业的厌烦，相反会给予他们前进的动力，从而导致他们对自身职业的倦怠程度不高但工作满意度较高。Cavanaugh（2000）认为工作压力由挑战性压力和阻碍性压力构成，其中，挑战性压力属于工作内源性压力，对个体自我成长、自身工作和职业生涯发展有正面影响。中医药人才的工作存在高工作责任、高工作负荷、时间紧迫等特性，而这些方面会对个体带来良性影响，属于积极的工作压力源，能够帮助个体缓解职业倦怠、获得工作成就感。[13]

当组织环境较差、职业发展压力过大、与上司的关系较为紧张时，外源性压力会给中医药人才在情绪方面带来负面感受和消极的工作体验以及对职业的倦怠和极差的工作满意度，在持续的、长期的高压环境中，容易引起中医药人才对工作现状的不满和对自身职业的抱怨，进而导致工作满意度较低[17]。夏梅（2016）通过分析，最终得出：临床医生的工作满意度会受工作环境变化的影响，一旦工作环境恶化，那么工作满意度会随之下降，反之则上升[21]。这种情况持续下去，非常不利于中医药人才的心理健康，同时也不利于他们对自身职业的热爱，长此以往形成恶性循环，磨灭他们的自信心，降低他们对自身职业的认可度。Cavanaugh（2000）在研究中提到阻碍性压力，则属于工作外源性压力，主要表现为工作角色模糊、需求能力不匹配、晋升的需求度和希冀度低等方面，易对个体工作以及职业成长造成阻碍，并且个体通常情况下都难以克服。因此，属于消极的工作压力源，易导致个体产生职业倦怠，对工作产生不满意[13]。

（三）研究模型中中介效应的检验

在研究中，我们发现职业倦怠在中医药人才的工作内源性压力与工作满意度之间起到部分中介作用。工作内源性压力可通过两条路径影响工作满意度，第一条路径为工作内源性压力对工作满意度的直接效应，第二条路径为工作内源性压力通过职业倦怠的中介作用对工作满意度起影响作用。新时期基于中医药文化内涵的中医药人才强调在中医药领域内理论科研能力与临床实践能力的结合、文化素质与人文素质中的结合[22]。因此，中医药人才所感受到的职业氛围与其他大多数职业不同，他们在中医药文化的熏陶下逐步成长为中医药人才，对自身职业的看法不同于其他职业的人。工作内源性压力越大，对他们的吸引力和趣味性也就越大，他们并不畏惧有难度的工作，因此职业倦怠水平并不高。与此同时，趣味性的工作吸引了他们的注意力，他们爱好于钻研，所以，对有难度的工作非常满意。

在研究中，我们发现职业倦怠在中医药人才的工作外源性压力与工作满意度之间起到完全中介作用。工作外源性压力可通过两条途径影响工作满意度：第一条路径为工作外源性压力对工作满意度的直接效应，第二条路径为工作外源性压力通过职业倦怠的中介作用对工作满意度起影响。当个体感受到工作外源性压力时，会产生一系列反应，如失眠、心慌心悸、情绪低落等，影响中医药人才对工作的投入度，影响对工作的态度、自信心，进而影响对工作的满意度[16]。

六、人才管理工作的启示

（一）组织给予中医药人才适度内源性压力，提高工作效率

中医药人才的高文化素质和高自我意识促使他们更加追求医学事业的发展和进步，适度的内源性压力会增强他们的科学创新意识以及提高遇到医学领域困难时处理问题的能力，任何事物都讲求适中，中医药人才也不例外。针对中医药人才享受解决疑难杂症所带来的成就感和攻克医学界难题所带来的荣誉感的职业特点，组织应适当地给予困难程度较大的工作，内源性压力可以帮助中医药人才在专业领域快速地汲取营养成长并且提高工作效率。本研究还发现拥有硕博士学历的中医药人才的内源性压力普遍较高，本科及以下学历的中医药人才的内源性压力普遍较低。这说明学历偏低的中医药人才可能因能力方面的不足在工作中很少接触重症患者且遇到的医学难题较少，因此相关负责的领导应在医院举行医学专业领域的培训学习班来帮助中医药人才自我更新、自我提升并且大力支持学历偏低的中医药人才进行进修学习以弥补能力方面的不足。这些措施能够帮助中医药人才更好地发挥己能，在最大能力范围内帮助患者远离疾病，实现个体成长。

（二）提供良好工作条件，缓解中医药人才的工作外源性压力

中医药人才在工作中不仅需要面对工作本身所带来的内源性压力，由人际关系和职业晋升所带来的外源性压力更有可能压垮中医药人才。本研究发现，处于中年时期的中医药人才的工作外源性压力很高，这与他们工作中的职业晋升、薪酬奖励、组织氛围关系紧密。医院管理层应时刻关注中医药人才的心理健康状态，通过与中医药人才的单独谈话，充分了解中医药人才的基本工作需求和对目前职业生涯的看法，帮助中医药人才合理规划自己的职业发展。从尊重人才的角度出发，医院管理者应打造一个员工相互尊重、相互帮助的工作环境，合理分配工作总量，避免上下级命令式话语的出现，构建一种信任、愉悦、合作的科室氛围，尊重中医药人才的全方面发展，为中医药人才提供良好的工作调节以缓解外源性压力。

（三）提升中医药人才的工资待遇水平，提高工作满意度

若干研究发现，现阶段中医药人才对自身收入并不满意，严重者甚至已经影响到了对工作的积极性。这说明在目前阶段，组织激励中的薪酬激励仍处于重要地位。研究表明，

平均月收入越低，工作满意度水平越低，平均月收入在 3000 元以内的中医药人才的工作满意度最低，而平均月收入在 6000 元以上的工作满意度最高。目前，国家已经出台提高医护人员工资待遇的相关政策，如《关于坚持以人民健康为中心推动医疗服务高质量发展的意见》。但是目前落实情况并不理想，各个地区应结合当地的经济发展水平，因时因地制宜，逐步提升中医药人才的薪酬福利水平[23]。平均月收入是影响中医药人才工作满意度的重要因素，可通过利益驱动来满足中医药人才的心理和生活需要。收入是降低生活各方面压力的基础保障，收入待遇的提高有利于提高中医药人才的价值认可度，同时将中医药人才的重心转移到工作上，集中注意力为患者排忧解难。

（四）采取灵活手段对中医药人才进行管理，重视中医药人才的职业倦怠问题

针对不同个性特征的中医药人才可采取不同类型的管理手段，以更好地激发中医药人才的工作热情。中医药人才的工作类型可分为三类：临时工作人员、聘任制员工和正式在编员工。在研究中发现，临时工作人员的职业倦怠最高，工作满意度最低；正式在编员工的职业倦怠最低，工作满意度最高；聘任制员工的职业倦怠和工作满意度均处于中间层，这些可能受薪酬水平、职称评定、承担的责任等多方面的影响。正式在编人员因工作稳定且薪酬水平较高，因此职业倦怠低、工作满意度较高。针对这种情况，对临时工作人员应多增加培训及晋升机会，适当授权工作权利，福利待遇也要尽可能提高，提升生活质量，降低生活压力；对正式在编人员应分配一些技术性更强的工作给他们，增加内源性压力，增强工作积极性和创新性，重视中医药人才的职业倦怠问题[24]。

七、研究创新与局限

（一）研究创新

结合过往研究和本研究内容，本研究创新点主要在以下方面：

基于国家对中医药事业的大力支持，取中医药人才样本，研究中医药人才工作满意度情况，拓展中医药人才工作满意度影响因素的研究。中医药人才属于接受中华传统医学文化熏陶的知识型员工，在承受高内源性压力时与其他职业的员工有所差别。他们习惯于享受高压环境下解决疑难杂症问题的成就感，乐于靠高端科学技术去控制甚至是消灭病毒并感受来自攻克医学难题、攀登医学高峰的荣誉感，爱好于接受帮助患者脱离疾病苦海时的尊重以及信任。同时，他们对工作生活质量的要求较高，重视工作满意感[5]。

在自变量的选取上，以压力源为标准，将工作压力分为工作内源性压力和工作外源性压力，分别研究两个自变量与因变量的关系。掌握着高端医疗技术的中医药人才，代表了所处医院的创新力和竞争力。因此，关于中医药人才，表述为压力高必定会导致满意感低是不够准确的。

在职业倦怠视域下，构建工作内外源压力对满意度的影响机制。以往对工作满意度的

研究多涉及教师、警察、普通工人等，本研究开创性地探讨了中医药人才工作方面的压力对满意度的影响机制，以职业倦怠为中介变量，充实了中医药人才工作满意度的研究，对组织中的压力管理与工作满意感改进提供科学的依据与合理的策略导向。

（二）研究局限与展望

在问卷调查过程中，采用了通用量表，未能体现中医药人才这一特殊职业的行业特征，可能会导致研究结论的偏差。本研究立足中医药人才视角，但只聚焦于在医院工作的中医药人才并不能纵向研究中医药人才工作压力对工作满意度影响的作用机制的发生发展过程。因此后续研究过程中将拓宽研究角度，进一步探究工作压力对工作满意度在纵向上的影响机制。

由于研究资源和时间的局限，样本总体数量有限、代表性有待提高，随机选取的样本中，本研究无法完全排除地域差异的影响。全国各地的中医药人才对工作内源性压力、工作外源性压力、职业倦怠、工作满意度的理解可能有所不同，因此影响机制也可能有所差异，研究结论不一定具有普遍性，需要在进一步扩大样本总体数量的基础上再进行讨论。

在工作内源性压力和工作满意度的影响机制中存在其他中介作用，在后期研究中将继续深入全面探讨中医药人才工作压力对工作满意度的影响作用机制，更多影响因素有待加入研究中来，诸如心理资本、自我效能感等因素。

参考文献

[1] 王启帆，李和伟．《中医药法》视角下高校创新型中医药人才培养体系构建路径研究 [J]．卫生软科学，2020，34（11）：96-99.

[2] 卓雷．工作压力对汽车销售人员职业倦怠的影响：情绪调节策略的中介作用 [D]．西北师范大学，2019.

[3] 许小东．现代组织中的工作压力及其管理．中国劳动，1999，（9）：33 -35

[4]Griffin R ， Phillips J M ， Gully S .Organizational Behavior：Managing People and Organizations.South-Western/Cengage Learning，2016.

[5] 许小东．知识型员工工作压力与工作满意感状况及其关系研究 [J]．应用心理学，2004，10（3）：41-46

[6]Hoppock R.Job satisfaction.New York：Harper&Brothers Publilishers，1935.

[7]Weiss H M .Deconstructing job satisfaction[J].Human Resource Management Review，2002，12（2）：173-194.

[8]Lévy-Garboua， Montmarquette C ， Simonnet V .Job Satisfaction and Quits[J].Labour Economics，2007.

[9]DailL.Fields，菲尔德，王东升，等．工作评价：组织诊断与研究实用量表 [M]．中国轻工业出版社，2004.

[10]Jadin T .Staff Burn-out[J].Journal for Healthcare Quality，1982，4（3）：6-10.

[11] 蔡融．教师职业倦怠研究 [J]．现代教育科学，2006（1）：54-56.

[12]Jackson S E .Maslach Burnout Inventory-Human Service Survey（MBI-HSS）[J].1996.

[13]Cavanaugh M A ， Boswell W R ， Roehling M V，et al.An Empirical Examination of Self-Reported Work Stress among U.S.Managers[J].*Journal of Applied Psychology*,2000,85(1) 65-74.

[14] 马剑虹，梁颖．管理者工作压力高阶因素结构分析 [J]．应用心理学，1997（2）：21-26.

[15] 赵丹．销售人员工作压力、工作满意度与离职倾向之间的关系研究 [D]．西北大学，2013.

[16] 周威．教师职业倦怠与职业压力、工作满意度、心理资本的关系 [D]．湖南师范大学，2017.

[17] 徐富明．中小学教师的工作压力现状及其与职业倦怠的关系 [J]．中国临床心理学

杂志，2003（3）：195-197.

[18] 白玉苓. 工作压力、组织支持感与工作倦怠关系研究 [D]. 首都经济贸易大学，2010.

[19]Singh J， Goolsby J R， Rhoads G K .Behavioral of and psychological consequences of boundary spanning burnout for customer representatives. 1994.

[20] 李超平，时勘. 分配公平与程序公平对工作倦怠的影响 [J]. 心理学报，2003（5）：677-684.

[21] 夏梅. 南宁市临床医生工作压力、心理资本、工作满意度与工作投入的关系研究 [D]. 广西大学，2016.

[22] 杨辰枝子，傅榕赓. 中医药文化核心价值观引领下的人文课程体系建设 [J]. 当代教育论坛，2016（5）：115-120.

[23] 李婉. 护士工作压力、工作满意度与组织支持感的关系研究 [D]. 华北理工大学，2019.

[24] 都伟浩. 吉林省某三甲医院医务人员工作满意度、职业倦怠及离职倾向相关性研究 [D]. 吉林大学，2018.

附 录

尊敬的先生/女士：

您好，感谢您在百忙之中抽出时间参与本次问卷调查！本问卷旨在研究中医药人才的工作状态，共包括四部分，您的答案无所谓对错，请根据真实情况进行填答。本次调查为匿名调查，所获数据仅供学术研究使用，绝不涉及商业用途和个人隐私，请您不必有任何顾虑。衷心感谢您的支持与合作，祝您工作顺利！

附录1　个人基本信息

您的性别：　□男　　□女

您的年龄：　□26~30岁　□31~35岁　□36~40岁　□41~45岁
　　　　　　□46~50岁　□51~55岁　□56~60岁　□60岁以上

您的婚姻状况：□未婚　　□已婚　　□离异

您的最高学历：□高中/中专及以下　　□大专　　□本科
　　　　　　　□硕士　　□博士

您的工作年限：□1年以内　□1~5年　□6~10年　□11~15年
　　　　　　　□16~20年　□21~25年　□26~30年　□30年以上

您的职称：　□住院医生　□主治医生　□副主任医师　□主任医师

您的工作类型：□正式在编人员　　□聘任制员工　□临时工作人员

您的平均月收入：□3000元以下　□3000~3999元　□4000~4999元
　　　　　　　　□5000~5999元　□6000元及以上

附录2　职业倦怠量表

该量表采用利克特7分等级量表，1代表"从不"，7代表"非常频繁"。

项目	1	2	3	4	5	6	7
1. 工作让我感觉身心疲惫。							
2. 下班的时候我感到筋疲力尽。							
3. 早晨起床，不得不去面对一天的工作时，我感觉非常累。							
4. 整天工作对我来说确实有了很大压力。							
5. 工作让我有快要崩溃的感觉。							
6. 自从开始干这份工作，我对工作越来越不感兴趣。							
7. 我对工作不像以前那样热心了。							

续表

项目	1	2	3	4	5	6	7
8. 我怀疑自己所做的工作的意义。							
9. 我对自己所做的工作是否有贡献越来越不感兴趣。							
10. 我能有效地解决工作中出现的问题。							
11. 我觉得我在为公司做有用的贡献。							
12. 在我看来，我擅长于自己的工作。							
13. 当我完成工作的一些事情时，我感到非常高兴。							
14. 我完成了很多有价值的工作。							
15. 我自信自己能有效地完成各项工作。							

附录 3 工作压力量表

该量表采用利克特 5 分等级量表，"1~5"分别表示同意程度由低到高。

项目	1	2	3	4	5
1. 感到自己的工作负荷比较沉重。					
2. 工作活动中经常需要个人做出准确的决策。					
3. 工作活动中要求快速准确地处理大量信息。					
4. 需要承担较多较重的工作责任。					
5. 工作中任务十分繁重，工作时间紧迫。					
6. 工作活动中遇到较多的困难与挑战。					
7. 领导对我的工作期望与要求很高。					
8. 工作指标要求太高，需要付出很大的努力。					
9. 工作中有时不得不做一些十分难办的事情。					
10. 工作任务变化较多，难以形成工作的常规范式。					
11. 工作中，自己的精神与思想负担很重。					
12. 工作活动中感到自己角色不清，任务不明。					
13. 遇到工作困难时很少能够获得同情。					
14. 如果任务没有完成，就有被人取代的危险与帮助。					
15. 工作职位的晋升十分困难，竞争激烈。					
16. 工作场所的条件与保障设施难以尽如人意。					
17. 工作团队中的人际关系状况不佳。					
18. 与领导的关系不太理想。					
19. 为了工作而导致自己身体健康状况的较大下降。					
20. 工作环境状况恶劣，令人生厌。					

附录 4　工作满意度量表

该量表采用利克特 5 分等级量表，"1"代表非常不满意，"5"代表非常满意。

项目	1	2	3	4	5
1. 能够使自己始终很忙					
2. 独立工作的机会					
3. 时常有做不同事的机会					
4. 成为团体中一员的机会					
5. 上级对待职员的方式					
6. 管理者的决策胜任力					
7. 能够做不违背自己良心的事情					
8. 工作所提供的稳定的就业方式					
9. 为别人做事的机会					
10. 叫别人做事的机会					
11. 发挥自己能力的工作机会					
12. 公司政策付诸实践的方式					
13. 我的报酬与我所做的工作的量					
14. 该工作的提升机会					
15. 使用自己判断的机会					
16. 按自己的方式做工作的机会					
17. 工作条件					
18. 同事间相处的方式					
19. 做好工作所得的赞扬					
20. 从工作中所得的成就感					

第二节　情绪劳动、情绪智力与工作满意度的关系研究

关于对中医药人才情绪劳动、工作满意度与情绪智力的关系研究，是以线上进行随机问卷发放，地区涵盖山东、辽宁等十多个省市。本节选取了三个量表，以各大医院的中医药人才为调查对象，进行问卷收集。目的是了解中医药人才的情绪劳动、工作满意度和情绪智力的现状，探讨本研究涉及的人口学特征对三个变量的影响，并揭示中医药人才的工作满意度、情绪智力及情绪劳动三者之间的相关性，找出中医药人才在工作满意度方面存在的问题及影响因素，结合现实情况分析解决问题的对策和方法，且为响应国家号召，提倡对中医药的研究与继承。本节希望通过对情绪劳动、情绪智力及工作满意度这三个变量关系的探讨，为以后的研究提供一定的数据基础和理论依据。

一、绪论

（一）研究背景

据相关文献查阅，情绪劳动、情绪智力与工作满意度之间的关系研究相对较少，大多都是探讨两个变量之间的相互联系。以中医药人才为研究对象进行三个变量之间探讨的研究在 CNKI、维普数据库中均未查阅到，因此本研究试图以整体的观点，将三个变量联系起来，探讨影响中医药人才工作满意度的部分因素，并适当提出自己的见解，为提高中医药人才工作满意度提供一定的理论依据。

（二）情绪劳动的研究概况

1. 情绪劳动的概念

在目前的研究中对"情绪劳动"这一概念的表述是不同的[3]。例如 Hochschild 定义为"个人根据组织指定的情绪行为管理目标所进行的情绪调节行为"[1]，Jones（1998）定义为"在与外部或者内部利益相关者进行个人交往时的行为"[2] 等。

本研究的情绪劳动包含三种，即表层扮演、深层扮演、真情实感。本研究重点讨论表层扮演与深层扮演。

2. 情绪劳动的理论研究

有关情绪劳动的作用机制有许多，在本研究中主要运用的是资源守恒理论。该理论认为人们为了实现资源的平衡，总是试图维持有价值的资源，最小化资源损失。也就是说个体如果付出努力就会使资源损失，获得报酬就可以实现资源的弥补[0]。

（三）情绪智力的研究概况

Mayer 和 Salovey（1997）将情绪智力定义为个体准确地感知、评价并表达情绪，掌控情绪以促进情感和智力发展的能力[13]。两人于 2000 年对其重新进行界定，即情绪智力是个体监控自己及他人的情绪和情感，识别利用这些信息指导自己的思想和行为的能力[16]。

本研究的情绪智力主要是作为自变量去探讨它对工作满意度的影响，以及是如何通过情绪智力去影响工作满意度的。

（四）工作满意度的研究概况

因为工作满意度的研究对象不同，因此各学者基于不同的理论框架提出了不同的定义。对工作满意度最普遍的解释为对工作本身及工作环境的态度或看法，是对工作角色的整体情感反应。

（五）情绪智力、情绪工作与工作满意度关系的研究

从前人的文献研究中可以得到情绪劳动与情绪智力是具有相关关系的。裴雯雯的研究得出情绪劳动与情绪智力显著相关[17]，邓凤等人对 ICU 护士的研究得出情绪劳动与情绪智力呈显著正相关[15]。韩凤萍、仲莉莉等人得出情绪劳动对两者的中介作用[9]。由调查的各个文献提出假设：

H1：情绪劳动与情绪智力之间存在正相关

H1a：情绪劳动是情绪智力与工作满意度的中介变量

以情绪劳动与工作满意度为主题进行相关阅读，王海雯等人的研究得出表层扮演与工作满意度相关是负性，深层扮演与工作满意度相关是正相关[11]。文献所得出的结论基本一致，因此可以假设：

H2：情绪劳动与工作满意度具有相关关系

H2a：表层扮演与工作满意度呈显著负相关

H2b：深层扮演与工作满度呈显著正相关

情绪智力与工作满意度的关系，可以借鉴王生锋、齐玉梅等人的研究，为临床护士的情绪智力与工作满意度之间呈显著正相关[8]。由有关情绪智力与工作满意的的相关文献可以得出假设：

H3：情绪智力与工作满意度之间存在相关关系

根据上文得出的一系列结果，我们可以得到中医药人才的三个变量之间存在相关关系。根据以上假设，探讨情绪劳动的中介效应，构建出如下的关系假设模型。

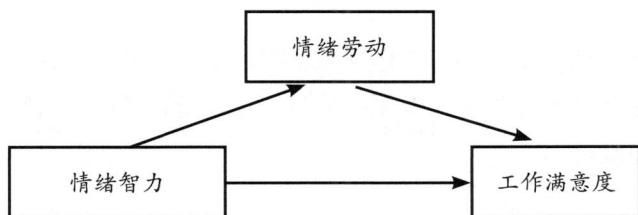

图 3.2.1　情绪劳动、情绪智力、工作满意度的理论模型

二、问题的提出

（一）问题的提出

综上所述，当前对情绪劳动、情绪智力与工作满意度之间的关系研究相对较少，大多都是探讨两个变量之间的相互联系。以中医药人才为研究对象进行三个变量之间探讨的研究在 CNKI、维普数据库中均未查阅到，国内还不曾有对中医药人才的情绪劳动、情绪智力、工作满意度的关系研究。因此本研究试图以整体的观点，将三个变量联系起来，探讨影响中医药人才工作满意度的部分因素，并适当提出自己的见解，为提高中医药人才工作满意度提供一定的理论依据。而在当今社会现状下，国家先后发表《中医药人才发展"十三五"规划》等文件，正大力提倡对中医药的继承与发展，本研究也积极响应国家号召，以中医药人才为研究对象，分析三个变量之间的相关性。

（二）研究目的

中医药是我国独有的文化传承，之前的发展一直处于平淡期，近期国家不断出台相关文件，大力发展中医药事业。且中医药在治未病中具有独特的功效，针灸、推拿、按摩等再次被大家所认可。因此，中医药行业的人员值得研究与探索。

本节试图通过对这三个变量的研究探索中医药人才的工作满意度与情绪智力与劳动的关系，并为提高中医药人才工作满意度提供理论依据及合理化建议。

（三）研究的意义

1. 理论意义

情绪劳动、情绪智力、工作满意度这三个变量国内的相关研究并不是很多，尤其是针对中医药人才为研究对象的研究是非常少的。但由于最近一段时间国家不断出台有关促进中医药人才发展的相关文件，对中医药人才的研究需要与时俱进。因此本研究是以中医药人才为研究对象，以整体的观点，将三个变量联系起来，对中医药人才的情绪劳动、情绪智力和工作满意度的状况及相关性进行研究，为如何实现中医药人才的情绪劳动、情绪智力与中医药人才的工作环境相适应，提高中医药人才工作满意度提供理论依据及合理化建议。

2. 实践意义

根据对中医药人才的情绪劳动、工作满意度和情绪智力的相关性研究结果，可以提出针对性的建议，如中医药人才如何才能更好地与工作环境相适应、有哪些措施可以提高中医药人才的工作满意度等。

三、研究设计

（一）研究对象

以国内中医药人才为研究对象，具体研究对象的各个特征见表 3.2.1，问卷总计收取318 份，可用问卷 249 份，利用率达 78.3%。

（二）研究工具

1. 人口学变量表

涉及基本的人口信息，包括性别、年龄、工龄等自行选取的问题。

2. 情绪劳动量表

此量表由 Diefendoff 等人于 2005 年编制，包括三个维度：表层扮演、深层扮演以及真实情感表达，共包含 14 个条目。采取 Likert 五分等级量进行计分，5 分代表"非常同意"。得分越高，表示中医药人才在工作中采用该种策略的频率越高。

3. 情绪智力量表

该量表采用 Wong 和 Law 根据国内环境编制的 WLEIS 量表，包括四个维度，即自我情绪的评估与表达、评价与识别他人情绪、对自我情绪的监控、运用自身情绪自我激励。每个维度 4 个题目，共 16 个题目。采用七级评分，1 分代表"完全不符合"，该量表具有很好的信效度，量表 α 系数为 0.83。

4. 工作满意度问卷

该量表选用明尼苏达工作满意度问卷（MSQ）的短式量表。共 20 个条目，有三个分量表。采用 Likert 5 级计分法，1 分代表"非常不满意"。分数越高，表示总工作满意度越高。

（三）研究程序

1. 调查方式

本研究采用文献查阅和问卷调查法进行。在前期的准备工作中阅读大量文献，从中选取研究对象与中医药人才最相符及信效度好的问卷等，查找计分标准，设计引导语、题目等，最后形成本研究中所选择的问卷。

2. 调查时间

在问卷星上随机进行问卷的发放，问卷发放时间为 3 月 21 号至 4 月 3 号两周的时间，于 4 月 3 号晚停止问卷的收集。

3. 无效问卷的剔除

首先以时间为标准删除 5 分钟以下的问卷，其次看研究者的年龄与工龄是否相对应，而后删除各个问卷中的极值，最终保留问卷 249 份。

（四）数据分析

本研究采用 Spss21.0 对数据进行统计分析。采用独立样本 t 检验、方差分析、单因素方差分析、皮尔逊相关分析、多元线性回归等统计方法。

四、研究结果与分析

（一）中医药人才的人口学特征

表 3.2.1 被试的人口学分布情况（n=249）

变量	分类标准	人数	百分比
性别	男	123	49%
	女	126	41%
年龄	25 岁及以下	0	0%
	26~35 岁	73	29%
	36~45 岁	95	38%
	46~55 岁	68	27%
	56 岁及以上	13	6%
学历	本科及以下	170	68%
	硕士	41	17%
	博士及以上	38	15%
工龄	5 年及以下	72	30%
	6~10 年	54	21%
	11~15 年	81	32%
	16~20 年	22	9%
	21~25 年	8	3%
	26 年及以上	12	5%
婚姻状况	未婚	35	14%
	已婚	214	86%
职称	住院医师	97	39%
	主治医师	66	27%
	副主任医师	50	20%
	主任医师	36	14%

变量	分类标准	人数	百分比
工作班类型	白天作业	104	42%
	夜班作业	80	32%
	轮班作业	65	26%

由表 1 可知，在医院中的中医药人才的性别分布比较平均；他们的年龄大多在 36 至 55 岁；已婚的中医药人才占 86%；学历多在本科阶段，博士及以上的中医药人才仅占 15%；工龄在 5~15 年的中医药人才占总调查人数的 85%；中医药人才的工作班类型大多为白天作业占 42%。

（二）中医药人才人口学特征对情绪劳动、情绪智力、工作满意度的显著性分析

1. 不同工龄的中医药人才的工作满意度现状比较

考查不同工龄的中医药人才的工作满意度现状及三个维度上的差异，进行单因素方差分析，得到不同工龄的中医药人才的工作满意度的 F 值为 2.269，P=0.038 < 0.01，结果说明工龄对中医药人才的一般满意度具有显著差异，而中医药人才的内在满意度与外在满意度无差异。

2. 不同工龄的中医药人才的情绪劳动现状比较

考查不同工龄的中医药人才的情绪劳动现状及三个维度上的差异，进行单因素方差分析，得到不同工龄的中医药人才的情绪劳动（表层扮演）的 F 值为 2.214，P=0.042 < 0.01，结果说明在表层扮演的维度上工龄对其是有显著影响的，其余维度上得分均不显著，即工龄对总体的情绪劳动不显著，对表层扮演维度有显著影响。

3. 不同婚姻状况的中医药人才的情绪劳动现状比较

考查不同婚姻状况的中医药人才的情绪劳动现状及各维度上的差异，进行独立样本 T 检验，得到不同婚姻状况的中医药人才的情绪劳动的 F 值为 -2.592，P=0.01，通过分析得到对总体的情绪劳动来说，婚姻状况具有显著影响，对于各个分量表来说无显著影响。

4. 不同学历中医药人才的情绪智力现状比较

考查不同学历的中医药人才的情绪智力现状及各维度上的差异，进行单因素方差分析，得到不同学历的中医药人才的情绪智力（自我情绪的评估与表达）的 F 值为 3.002，P=0.031，通过分析得出的 p 值在自我情绪的评估与表达维度小于 0.05，即学历在自我情绪的评估与表达中具有显著的影响，其余维度的 p 值均大于 0.05，说明学历在情绪智力的其余维度上均没有显著差异。

5. 不同工龄的中医药人才的情绪智力现状比较

考查不同工龄的中医药人才的情绪智力现状及各维度上的差异，进行单因素方差分析，得到不同工龄别的中医药人才的情绪智力（自我情绪的评估与表达）的 F 值为 2.883，

P=0.01，通过分析得出的 p 值在自我情绪的评估与表达维度小于 0.05，即工龄在中医药人才的自我情绪的评估与表达维度中具有显著的影响，其余维度的 p 值均大于 0.05，说明学历在中医药人才的情绪智力的其余维度上均没有显著差异，但从情绪智力的总体来看，0.018<0.05 说明工龄对中医药人才的情绪智力的总体具有显著的影响。

（三）中医药人才情绪劳动、情绪智力、工作满意度的总体状况研究

1. 中医药人才情绪劳动状况分析

本研究探讨中医药人才情绪劳动的总体情况，通过数据分析结果表明：中医药人才在情绪劳动总量表及其三个分量表上的得分均处于 3~4 分，其中表层扮演的得分为 3.659，深层扮演得分为 3.983，真情实感得分为 3.877，说明中医药人才的情绪劳动现状主要为深层扮演与真情实感。

2. 中医药人才情绪智力状况研究

本研究探讨中医药人才情绪智力的总体情况，通过数据分析结果表明：中医药人才在情绪智力总量表及其四个分量表上的得分均处于 5 分以上，其中运用自身情绪自我激励得分最高为 5.370，评价与识别他人情绪得分最低为 5.170，说明中医药人才善于运用自身的情绪，而评价与识别他人情绪得分较低，与前人的研究也相符合。

3. 中医药人才工作满意度状况研究

本研究探讨中医药人才工作满意度的总体情况，通过数据分析可以看出工作满意度的总分及各维度的得分均不显著，与以上各个人口学变量得到的结论相统一。

（四）中医药人才情绪劳动、情绪智力与工作满意度之间的相关性分析

1. 中医药人才情绪劳动、情绪智力的相关性分析

运用 SPSS21.0 对情绪劳动的总分及三个维度与情绪智力的总分与四个维度进行双变量的相关研究。结果显示，情绪劳动的总分及各维度与情绪智力的总分及各维度均有显著的相关性，其中，表层扮演维度与情绪智力及各分量表呈显著负相关，其余均呈显著正相关，各个维度之间呈非常显著的差异。

2. 中医药人才情绪劳动、工作满意度度相关性分析

运用 SPSS21.0 对情绪劳动的总分及三个维度与工作满意度的总分与三个维度进行双变量的相关研究。结果显示，情绪劳动的总分及各维度与工作满意度的总分及各维度均有显著的相关性，其中，表层扮演维度与其呈显著负相关，其余均呈显著正，各个维度之间呈非常显著的差异。

3. 中医药人才情绪智力、工作满意的的相关性分析

运用 SPSS21.0 对情绪智力与工作满意度进行双变量的相关研究。结果显示，中医药

人才的工作满意度总分及各维度与情绪智力的总分及各维度均有显著的相关性，呈显著正相关且各个维度之间呈非常显著的差异。

（五）中医药人才情绪劳动、情绪智力与工作满意度的回归分析

1. 中医药人才情绪劳动、工作满意度的回归分析

本研究以中医药人才情绪劳动各维度为自变量，以工作满意度为因变量采用逐步回归分析法，探究中医药人才情绪劳动与工作满意度之间的关系，具体见表 3.2.2。

表 3.2.2　中医药人才情绪劳动与工作满意度相关分析表

预测变量	B	β	t	sig	R	R^2	调整 R^2	F
常量	65.572		16.496	0.000				
深层扮演	1.993	0.443	13.56	0.000	0.956	0.914	0.913	873.354
表层扮演	-1.349	-0.391	-14.818	0.000				
真情实感	1.359	0.229	7.306	0.000				

结果显示：情绪劳动三个维度均可进入回归方程，其中工作满意度变异的 91.4% 可由深层扮演、表层扮演、真情实感来解释，因为 R 方接近 1 同样说明此模型对数据的拟合程度很好。又因为 F 统计量得到 p<0.001，因此在 α=0.05 的检验水准下，可以认为所拟合的多重线性回归方程具有统计学意义。

我们可以把回归方程写为：工作满意度 =1.993* 深层扮演 -1.349* 表层扮演 +1.359* 真情实感 +65.572

修正后的方程为：工作满意度 =0.443* 深层扮演 -.391* 表层扮演 +0.229 真情实感

2. 中医药人才情绪智力、工作满意度的回归分析

本研究以情绪智力各维度为自变量，以中医药人才的工作满意度为因变量采用逐步回归分析法，探究中医药人才情绪智力与工作满意度之间的关系，具体见表 3.2.3。

表 3.2.3　中医药人才情绪智力与工作满意度相关分析表

预测变量	B	β	t	sig	R	R^2	调整 R^2	F
常量	15.345		9.866	0.000				
对自身情绪的监管	0.973	0.318	6.509	0.000	0.936	0.877	0.875	581.850
自我情绪的评估与表达	1.032	0.349	8.233	0.000				
评价与识别他人情绪	1.005	0.331	7.484	0.000				

结果显示：情绪智力的三个维度进入回归方程，其中工作满意度变异的 87.7% 可由对自身情绪的监管、对自我情绪的评估与表达及评价与识别他人情绪三个维度来解释，因为 R 方接近 1 同样说明此模型对数据的拟合程度很好。又因为 F 统计量得到 p<0.001，因此在 α=0.05 的检验水准下，可以认为所拟合的多重线性回归方程具有统计学意义。

我们可以把回归方程写为：工作满意度 =0.973* 对自身情绪的监控 +1.032* 自我情绪的评估与表达 +1.005* 评价与识别他人情绪 +15.345

修正后的方程为：工作满意度 =0.138* 对自身情绪的监控 +0.349* 自我情绪的评估与

表达 +0.331* 评价与识别他人情绪

3. 中医药人才情绪劳动、情绪智力的回归分析

本研究以情绪智力各维度为自变量，以情绪劳动为因变量采用逐步回归分析法，探究中医药人才情绪智力与情绪劳动之间的关系，具体见表 3.2.4。

表 3.2.4　中医药人才情绪劳动与情绪智力相关分析表

	B	β	t	sig	R	R^2	调整 R^2	F
（常量）	45.461		46.727	0.000				
评价与识别他人情绪	0.364	0.455	8.028	0.000	0.455	0.207	0.204	64.445

结果显示：情绪智力仅有一个维度进入回归方程，其中情绪智力变异的 20.7% 可由评价与识别他人情绪这个维度来解释，因为 F 统计量得到 $p < 0.001$，因此在 $\alpha = 0.05$ 的检验水准下，可以认为所拟合的多重线性回归方程具有统计学意义。

我们可以把回归方程写为：情绪劳动 =0.364* 评价与识别他人情绪 +45.461

修正后的方程为：情绪劳动 =0.455* 评价与识别他人情绪

（六）中医药人才情绪劳动的中介效果分析

利用 SPSS21.0 进行三个回归分析，得到表 3.2.5。

表 3.2.5　中医药人才情绪劳动中介效果回归分析表

结果变量	预测变量	r	r^2	β	p	LLCL	ULCI
工作满意度	情绪智力	0.932	0.869	0.877	0.000	0.834	0.919
工作满意度	情绪智力	0.936	0.876	0.919	0.000	0.872	0.966
	情绪劳动			-0.370	0.000	-0.56	-0.181

由表 3.2.5 可知，情绪智力对工作满意度的直接效果为 87.7%，加入中介变量情绪劳动后得到的为 91.9%，且间接效果得到的 95% 的置信区间为 [0.872，0.966]，此置信区间不包含 0，表明中介效应显著。

根据输出结果，可以得到以下模型：

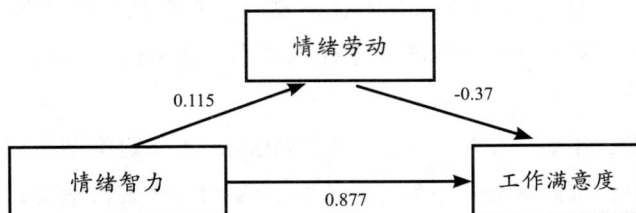

图 3.2.2　情绪劳动对情绪智力与工作满意度的中介效应图

五、结果讨论

（一）中医药人才情绪劳动的现状分析

中医药人才在情绪劳动总量表及其三个分量表上的得分均处于 3~4 分之间，其中表层

扮演的得分为 3.659，深层扮演得分为 3.983，真情实感得分为 3.877，说明中医药人才的情绪劳动现状主要为深层扮演与真情实感。中医药人才的工作年限一般为年限越长话语权、能力等越高，在中医药这个行业所收到的尊重越大，加之工作年限长，便会在自己的工作中形成独特的自我调节模式。且有研究发现情绪劳动中的深层扮演和表层扮演对个体产生的影响是不一样的，其中深层扮演有利于缓解个体的倦怠体验[21]，而表层扮演易产生或加重个体的倦怠体验从而达到真情实感及深层扮演的情绪劳动。

本节分别从性别、年龄、学历、工龄、婚姻状况、工作班类型及职称七个方面对情绪劳动进行分析与讨论，得到性别、年龄、学历、工作班类型对情绪劳动的影响均无显著差异；工龄对表层扮演具有显著的影响，婚姻状况对总体的情绪劳动具有显著的影响。总体来说，可以得到情绪劳动的影响因素具有个体因素这个成因。例如在本研究中证实的工龄与婚姻状况等，都可以得出不同的工龄与婚姻状况对情绪劳动均有影响。

（二）中医药人才情绪智力的现状分析

中医药人才在情绪智力总量表及其四个分量表上的得分均处于 5~6 分之间。运用自我情绪自我激励得分最高，评价与识别他人情绪最低。说明中医药人才在情绪中，对自我情绪的运用是比较好的，对自我情绪的掌控是要比他人的情绪掌控高的。

本节分别从性别、年龄、学历、工龄、婚姻状况、工作班类型及职称七个方面对情绪劳动进行分析与讨论，可以得到以下结论：性别、年龄、婚姻状况、工作班类型、职称对情绪智力均无显著影响，学历与工龄对自我情绪的评估与表达中具有显著的影响，学历对总体的情绪智力具有显著影响。情绪智力高意味着情绪调节及自身的监控能力较好，而随着学历的增加中医药人才所增长的也不仅是知识上的提高，还有自身的为人处世和对自己的监控能力。工龄同样如此。

（三）中医药人才工作满意度的现状分析

中医药人才在工作满意度总量表及内在满意度、外在满意度分量表上的得分均处于 2~4 分之间。根据各分量表得到中医药人才在工作当中更多的是达到了外在满意度并未达到内在满意度。

本节分别从性别、年龄、学历、工龄、婚姻状况、工作班类型及职称七个方面对情绪劳动进行分析与讨论，可以得到以下结论：在所涉及的七个人口学变量上只有工龄对总体满意度具有显著的影响，其余人口学维度上均无显著差异。

国内外关于工作满意度的影响因素很多，主要表现在个体特征、情景特征和情感特质三大部分。例如针对本研究讨论的人口学变量中，大致可以得出被研究者的年龄与工作满意度总体呈正相关关系。本研究在分析过程中得到中医药人才的工龄与工作满意度呈正相关，而中医药人才的年龄对工作满意度无显著影响，两者看似矛盾，但是根据原数据可以做出解释。首先年龄与工龄并不一定呈正相关关系，因为调查时只是针对中医药人才这一段时间在所在医院的工龄，他自身的年龄并不能代表他在这所医院的工龄大。其次前人研究针对的多为医护人员与教师行业，针对中医药人才的研究几乎不存在，结论具有局限性。

（四）中医药人才情绪劳动、情绪智力与工作满意度的相关性分析

本节研究结果显示，三者具有相关性，工作满意度与深层扮演、情绪智力之间存在正相关，与表层扮演存在负相关。根据资源保存理论可以对其做出解释，中医药人才如果处在表层扮演上就表示在工作中不能全身心地投入进去，需要付出额外的精力去满足组织及所在工作环境的要求，各方面原因都会降低他们的工作满意度。

Timothy，Erin&Charlice（2009）指出表层扮演会增加情绪耗竭和降低的工作满意度。Morris 和 Felan（1997）进一步提出情绪劳动在表达情绪与感觉情绪不一致的程度上容易产生情绪耗竭。Ashforth 和 Humphrey（1993）提出假装的情绪即表层扮演导致工作满意度降低。根据前人文献及自己的研究结果都可以表明表层扮演会降低工作满意度。

（五）中医药人才情绪智力对情绪工作、工作满意度的回归分析

中医药人才的情绪智力对情绪劳动、工作满意度的回归分析显示，情绪智力对中医药人才的情绪劳动、工作满意度均具有直接的显著正向影响。情绪智力高的个体在感受到压力时会更好地调节自身的情绪抵抗外部存在的压力，因此情绪智力越高对工作满意度的预测效果就越好，与本研究前文得出的结果也相一致。

（六）情绪劳动在情绪智力与工作满意度之间的中介效应分析

运用层次回归法逐个维度筛选得出，情绪劳动是部分中介作用。前人研究显示，情绪劳动对工作满意度的影响，关键不是情绪劳动本身，而是被研究个体情绪劳动所存在的维度。表层扮演会损害中医药人才的情绪资源，降低工作满意度；而深层扮演属于资源获得的过程，有利于提高中医药人才的工作满意度，与前文提到的资源获得理论相符。

（七）本研究的结论

表 3.2.6 研究假设结论表

研究假设	检验结果
情绪劳动与情绪智力之间存在正相关	正确
情绪劳动是情绪智力与工作满意度的中介变量	正确
情绪劳动与工作满意度具有相关关系	正确
深层扮演与工作满度呈显著正相关	正确
情绪智力与工作满意度之间存在相关关系	正确
表层扮演与工作满意度呈显著负相关	正确

表 3.2.7　研究结论表

研究对象	研究变量	研究结论	补充
中医药人才	情绪劳动	多为深层扮演、真情实感	工龄方面，五年及以下的中医药人才在工作中所采用的情绪劳动多为表层扮演
		具有中介作用	
	情绪智力	与工作满意度显著正相关	与表层扮演显著负，与深层扮演显著正相关
		对工作满意度有预测作用	
	工作满意度	一般满意度 78.22±17.45	性别、年龄等人口学变量，对中医药人才的工作满意度影响不大
		与深层扮演显著正相关	

（八）对人才管理工作的启示

综上所述，中医药人才的深层扮演有利于提高中医药人才的工作满意度，中医药人才的表层扮演会降低工作满意度，所以根据研究结论可以进一步得出要提高工作满意度就要让中医药人才达到深层扮演的层次。在前面同样可以得到中医药人才的情绪劳动主要即表现为深层扮演，说明中医药人才的工作环境及相关的政策福利待遇等都是与他们相匹配的。但是中医药人才是一个大类，其中有许多的分支，比如说中医药人才的工作类型，有临时的、有合同制的、有在编的，可以针对不同的工作人员类型制定不同的管理制度，即要因材施教、因人而异地去进行管理工作。

（九）本研究的创新点

（1）以中医药人才为研究对象，基于时代的趋势，顺应国家对中医药事业的发展，拓展对中医药人才三个研究变量之间关系的认识。

（2）研究变量的选择，根据知网数据库可以得到，对医护人员的情绪智力、情绪劳动或者情绪劳动、工作满意度之间的关系研究有很多，但是三者变量之间的研究文献几乎不存在，本研究也是试图以整体观点去研究三者的关系。

（十）本研究的不足与展望

1. 本研究的不足

（1）被试的局限性，本次研究了 249 名中医药人才，研究数量较少，结论的普及及推广需要更大的样本。

（2）问卷的局限性，本次研究所选取的问卷均为前人编制，问卷所面向的对象不尽相同，虽然信效度具有保障，但仍会存在一定的偏差。

2. 本研究的展望

样本的大小是衡量一个结论准确与否的关键因素，本次研究的中医药人才有 249 名，样本数量与所参考文献相比数量较少，因此样本大小可以相对提高一下。此外关于问卷的选择，由于自身知识及阅读论文的数量较少的局限，所选取的问卷不一定是最合适的，所以随着自己阅读的积累，在往后的研究中希望可以找到最合适自己研究的问卷。

参考文献

[1]Taylor DM，Pallant JF，GrookHD.The psychological health ofemergen cyphysicians in Australasia[J].Emerge Med Australas ia，2004，16（1）：7-21.

[2]MayerJD，SaloveyP.What is emotional intelligence[M].New York：Basic Books，1997：4.

[3]Ashforth B E，Humphrey R H.Emotional labor in service roles：The influence of identity.Academy of Management Review，1993，18（2）：88-115.

[4]张辉华，凌文轮，方俐洛."情绪工作"研究概况 [J].心理科学进展.2006，14（1）：111-119.

[5]杨雪倩，医护人员工作场所暴力与沉默行为的关系：情绪劳动策略的中间作用 [D].哈尔滨工程大学，2017.

[6]周松，王建宁，赖开兰，于翠香，查丽玲.护理人员情绪劳动与工作倦怠关系研究进展 [J].中国职业医学，2019（6）.

[7]刘艳梅.Schutte 情绪智力量表的修订及特点研究 [D].重庆：西南大学，2008.

[8]Lambert VA，Lambert CE，Ito M.Workplace stressors，ways of coping and Demographic characteristics as predictors of physic al and mental health of Japanese hospital nurses[J].International jourmal of nursing studies，2004，41（1）：85-97.

[9]王生锋，齐玉梅，黄行芝.临床护士情绪智力与工作绩效及工作满意度的相关研究 [J].中华护理教育，2013（1）.

[10]韩凤萍，仲莉莉，钱莉，云青萍，纪颖.社区护士情绪劳动在情绪智力与职业成功感的中介效应分析 [J].护理学报，2020（9）.

[11]Brotheridge C M，Lee R T.Testing a conservation of resources model of the dynamics of emotional labor.Joumal of Occupational Health Psychology，2002，7（1）：57-67.

[12]王海雯，张淑华.情绪劳动策略与工作满意度关系的元分析 [J].心理科学进展，2018（2）.

[13]Zapf D.Emotion work and psychological ell-being A review of the litrature and some conceptual considerations.Human Resource Managemen Review，2002，12：237-268.

[14]Mayer Salovey Emotional nellgence[J].Imagination Cognition & Personality 1990,6(6）217-236.

[15]干詹静.情绪劳动与员工离职倾向的关系：工作倦怠的中介作用[D].华东师范大学，2017.

[16]邓凤，吴彩雯，林丽英，高世鼎，陈丽娟.ICU 护士情绪智力、情绪劳动与主观

幸福感的关系研究 [J]. 当代护士（中旬刊），2021（1）.

[17] 徐小燕. 大学生情绪智力量表的编制与实测 [D]：西南师范大学，2003.

[18] 裴雯雯. 医护人员情绪智力、情绪劳动对医患关系的影响 [D]. 曲阜师范大学，2013（4）.

[19] 王仙雅,林盛,陈立芸.情绪智力与工作绩效的关系研究: 工作满意度的中介作用[J]. 管理现代化，2013（6）.

[20] 唐凯、徐倍、侯冷晨、孙营营、张培. 医师情绪劳动与工作满意度和离职倾向的相关分析 [J]. 解放军医院管理杂志，2019（9）.

[21] 王叶飞. 情绪智力量表中文版的信效度研究 [D]. 中南大学，2010：5.

[22] 李伟，梅继霞，熊卫情绪智力对情感耗竭影响及情绪劳动策略的调节作用路径与条件 [J] 商业研究，2017（12）：127-136.

[23] 姚翔. 公立医院临床医生情绪智力、情绪工作和工作满意度的关系研究 [D]. 河北大学，2014：5.

附　录

表一　情绪劳动量表

请根据您在工作中的亲身体验，在符合您实际情况的数字上做标记，本调查不记名，所有调查结果将严格保密。请您不必有任何顾虑、真实作答。谢谢您的支持与合作！

1= 完全不同意

2= 不太同意

3= 说不清楚

4= 比较同意

5= 完全同意

1. 为了以恰当的方式服务患者，我会进行情绪表演

2. 我向患者表现的情绪是自然而然的

3. 在与患者接触时，我通过表演的方式表达自己的情绪

4. 我努力去感受应该向患者表达的情绪

5. 为了表现工作中所需要的情绪，我会带上"面具"

6. 面对患者时，我表现的情绪与我真实的感受是不一样的

7. 我会真实地去体验我应该向患者表达的情绪，而不是仅停留在外在表现上

8. 在服务患者时，我会进行情绪伪装

9. 我努力去真实地感受我所需要向他人展示的情绪，而不是仅在外在表现出来

10. 我假装拥有工作中所需要表现的情绪

11. 面对患者需要表达情绪时，我会尝试表现出发自内心的情感

12. 我在患者面前表达的情绪是真实的

13. 我向患者表达的情绪是自然流露的

14. 面对患者时，我假装拥有好的情绪

表二　情绪智力量表（WLEIS-C）

下面是些关于个人情绪处理方面问题的描述，请您根据自己的实际情况进行选择，请您不必有任何顾虑、真实作答。谢谢您的支持与合作！

0= 非常不赞同

1= 稍许不赞同

2= 不赞同

3= 居中

4= 稍许赞同

5= 赞同

6= 非常赞同

1. 大多数时候我很清楚当时自己为什么有那种特定的感受

2. 我是个能够自我激励的人

3. 我真正明白自己的感受

4. 我非常善于控制自己的情绪

5. 我总是能从我朋友的行为中了解到他们的情绪

6. 我能很好地控制我自己的情绪

7. 我总是鼓励自己尽最大的努力去做事情

8. 我对自己周围人的情绪很了解

9. 我总是为自己设定目标然后尽自己最大的努力去完成它们

10. 我总是告诉自己我是个有能力的人

11. 我对自己的情绪非常了解

12. 我对别人的情绪和感受敏感

13. 我能控制好自己的情绪并且理智地处理问题

14. 我总是知道自己是否快乐

15. 当我非常生气的时候我总是能很快地平静下来

16. 我是个善于观察别人情绪的人

表三　明尼苏达满意度短式量表（MSQ）

下面您能看到一些关于您目前工作的陈述。仔细阅读这些陈述，确定您对句子中所描述的关于您目前工作的某方面是否满意。本调查不记名，所有调查结果将严格保密。请您不必有任何顾虑、真实作答。谢谢您的支持与合作！

1= 对我工作的这一方面非常不满意；

2= 对我工作的这一方面不满意；

3= 不能确定对我工作的这一方面是满意还是不满意；

4= 对我工作的这一方面满意；

5= 对我工作的这一方面非常满意

1. 能够一直保持忙碌的状态

2. 独立工作的机会

3. 时不时地能有做一些不同事情的机会

4. 在团体中成为重要角色的机会

5. 我的老板对待他 / 她的下属的方式

6. 我的上司做决策的能力

7. 能够做一些不违背我良心的事情

8. 我的工作的稳定性

9. 能够为其他人做些事情的机会

10. 告诉他人该做些什么的机会

11. 能够充分发挥我能力的机会

12. 公司政策实施的方式

13. 我的收入与我的工作量

14. 职位晋升的机会

15. 能自己做出判断的自由

16. 自主决定如何完成工作的机会

17. 工作条件

18. 同事之间相处的机会

19. 工作表现出色时，所获得的奖励

20. 我能够从工作中获得的成就感

第三节　情绪劳动策略、自我效能感对工作满意度的影响

近年来，随着中医药人才的快速发展，中医药服务体系得到进一步加强和完善。因此，研究中医药人才的心理因素，提高其工作满意度，更好地发展中医药人才，具有重要的现实意义。

本研究在进一步推进中医药人才队伍建设的背景下，通过调查中医药人才的情感劳动策略、职业自我效能与工作满意度之间的关系，说明情感劳动策略对工作满意度的深层次影响，并探讨职业自我效能在其中的调节作用。本节对 207 名中医药人才进行了问卷调查，运用 SPSS24.0 统计软件，进行描述性统计分析、方差分析、皮尔逊相关分析、多元回归分析和调节效应分析。结果表明：中医药人才的情感劳动策略、职业自我效能和工作满意度三个变量处于中上水平，且存在较大差异；表面行为对职业自我效能和工作满意度有显著的负向影响，被动深度行为对工作满意度有显著的正向影响，主动深度行为对职业自我效能和工作满意度有显著的正向影响，职业自我效能对工作满意度有显著的正向影响；职业自我效能在情绪劳动策略和工作满意度之间起着显著的调节作用，在被动深度行为和工作满意度之间也起着显著的调节作用。

通过本节的研究成果，希望能帮助医院和政府进一步制定合理的政策，提高中医人才的工作满意度，更好地发展中医人才。

一、前言

（一）情绪劳动

Hochschild 是第一个提出"情绪劳动"的学者。她通过对空姐的工作情况的调查研究提出了"情绪劳动"的基本概念：情绪劳动是一种社会生活方式，指导着企业应该承担的责任包括服务目标的调整、控制和管理心态，以及企业在指导该事业的过程中能够达到该组织的要求所付出的努力[1]。自此，许多专家和学者也都开始积极地进入心理和情感劳动问题的研究这个领域，其研究范围涵盖了从一般的概念、战略等理论研究向对各种服务型行业的现状进行实证调查和分析研究，提供了充足的科学基础和依据。汤超颖等人认为情绪劳动是员工根据工作要求，努力调控，使自己的情绪符合规定的表达方式。表层扮演和深层扮演是两种常见的情绪劳动策略[2]。方淑苗主张情绪劳动策略是员工在服务型业务的情绪劳动过程中为了实现组织目标而选择的应对战略[3]。本节在研究过程中采用的是 Hochschild 把情绪劳动策略划分为表层行为、被动深层行为和主动深层行为三个维度的划分方式[4]。

（二）工作满意度

第一个研究工作满意度的学者是 Hoppock，他认为工作满意度是指个人生理上和心理上对工作本身和工作环境的满意度。王贝贝认为工作满意度应该包括整体性满意度、差别性满意度、参考结构满意度等多个维度。整体性满意度是指有员工所在单位的工作满意度。差别性满意度由满意度最高的职员和满意度最低的职员决定。参考结构满意度是指员工在一定环境下的满意度[5]。赵凯佳等人以县级公立医院的医生为对象，采取随机抽样的方式进行问卷调查。结果表明，改革相关政策取得了一定成效，但医生整体满意度水平仍较低[6]。

（三）职业自我效能

班杜拉最早把"自我效能感"定义为人们用自己所掌握的技能完成某一项工作的时候所表现出来的自信程度，并且只有在特定的领域，自我效能感才有意义，而且不同领域之间的差异应该是显著的，此时自我效能感才是人们对完成一项工作的信念，这与技能本身无关，是运用他所掌握的知识和技能来完成工作的保证。王艺婷把职业自我效能定义为个体结合各种信息，对自己的职业行为进行评判的能力。它是以个体的能力为基础，同时具备一定的信念和自信感，关注在执行相关的活动或任务时，自己是否能完成任务的信念和反应[7]。

（四）情绪劳动策略、职业自我效能以及工作满意度的关系

1. 情绪劳动策略和工作满意度的关系

美国学者 Packianathan 通过研究 342 名高中教练得到，培训员的次要工作与不合理的工作观念和对工作的满意程度有关；培训员的深度行为与工作疲劳有关，但取决于对工作的满意程度[8]；通过对 281 名教师的调查研究，李明军指出，教师对工作的满意程度和表层行为有显著负相关，主动深度行为、被动行为和工作的满意度有显著正相关。调整教师行为战略与对工作的满意度之间的情感智能是显而易见的[9]。在以上的文献参考基础上，提出以下假设：

H1：情绪劳动策略会对工作满意度产生一定的影响

H1a：表层行为策略和工作满意度负相关显著

H1b：被动深度行为和工作满意度正相关显著

H1c：主动深度行为和工作满意度正相关显著

2. 情绪劳动策略和职业自我效能的关系

班杜拉证明自己本身的情绪状态会影响自我效能感；还有研究表明，情绪智力会对护士的职业自我效能产生影响。肖凤等人认为护理环境通过情绪智力和自我效能的多媒体效应影响护理行为[10]。王朝霞认为自我效能感高的护士倾向于使用自然绩效策略和深层绩效

策略。提高自我效能感水平可以增加自然绩效策略和深层绩效策略的使用[11]。综上所述，我们可以大胆地假设，中医药人才的情绪劳动策略与职业自我效能之间存在一定的相关性，并做出以下假设：

H2：中医药人才的情绪劳动策略会对职业自我效能产生一定的影响

H2a：中医药人才的表面行为和职业自我效能正相关显著

H2b：中医药人才的被动深度行为和职业自我效能正相关显著

H2c：中医药人才的主动深度行为和职业自我效能正相关显著

3. 职业自我效能和工作满意度的关系

罗献明等人认为护士的自我效能感与工作满意度成正相关，高效能的护理人员对做好护理工作有很大的信心，能够通过个人努力创造外部环境，提高工作质量和水平[12]。朱乐凤认为医护合作与整体自我效能对护理人员工作满意度有显著影响，护理人员的职业环境和整体自我效能感对其工作满意度有显著影响，护理学科实践领域对整体自我效能感有显著影响，并通过自我效能感的相互依存作用间接影响护理人员的满意度[13]。因此，我们可以提出以下假设：

H3：中医药人才的职业自我效能对工作满意度正相关显著

（五）职业自我效能的调节作用

不同的情绪劳动策略的选择会产生不同的结果，特别是对于个体而言，方淑苗认为，情绪工作的被动深层行为是通过主观适应和认知过程，主动体验工作所需的情绪，成功完成组织任务。积极、深入的情感工作行为就是在工作中表达真情实感，及时向顾客展示真情实感。这意味着个人能够很好地完成组织任务，自信自己的能力处于高自我效能的状态，能够处于高工作满意度的状态。因此，情绪化的工作策略不仅会直接影响工作满意度，还会调节员工的职业自我效能，影响工作满意度[14]。由此我们可以得出假设：

H4：中医药人才的职业自我效能对情绪劳动策略和工作满意度之间的调节作用

H4a：职业自我效能对表面行为和工作满意度之间的调节作用

H4b：职业自我效能对被动深度行为和工作满意度之间的调节作用

H4c：职业自我效能对主动深度行为和工作满意度之间的调节作用

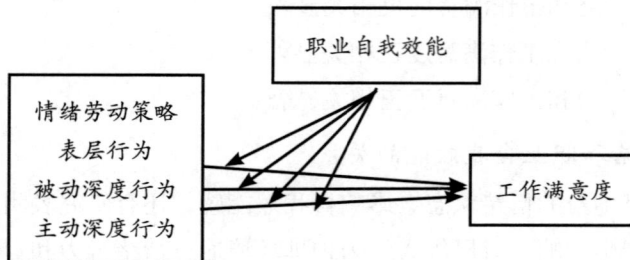

图 3.3.1　理论模型

二、研究方法

（一）研究对象

本节以在医院工作的中医药人才为研究对象。具体问卷回收如表 3.3.1：

表 3.3.1　问卷发放情况

发放问卷	回收问卷	有效问卷	回收率	有效率
234	220	207	94.027	88.46%

（二）研究工具

1. 情绪劳动策略问卷

本研究采用的是刘衍玲编写的《中小学教师情绪工作调查表》，由于本研究中中医人才的服务主体是患者，原有量表的学生转化为患者，学校环境转化为医院环境，其他内容与原量表一致，量表由表面行为、被动深度行为和主动深度行为三个维度组成，共 15 题，采用李克特 5 分评分法，α=0.672；问卷包括三个维度：表面行为（1.7，10，13）、被动深度行为（4，5，8，11.14）和主动深度行为（2.3.6，9，12.15）[15]。

2. 工作满意度问卷

Weiss 等人编写的明尼苏达满意度调查表包括下列 20 个因素：发展、成果、倡议、自我发展、生产力、政策和创业精神、奖励、同事、创作、独立、道德标准、承认、责任、安全、社会服务、社会地位、人际关系管理、管理、多样性、工作条件。本研究采用 MSQ 简表对 20 个主题进行测量，测量表的内部一致性系数为 0.897[16]。

3. 职业自我效能问卷

为了适应新的医疗模式的变化，编制了加强医科学生职业自我维持能力的调查表，根据临床医学专家小组的实际情况，国际医学训练委员会（医学训练委员会）制定了临床医学的七项基本要求：专业招聘、医疗知识、临床功能、通信功能、保健、信息管理、批判思维和研究能力。在专家咨询讨论的基础上由项目小组删除和修改了问卷，最终确定了 13 个问题，用 Likert5 点评分标准，即总评分越高，对自己的信心就越大，职业自我效能感越强[17]。

（三）数据处理方法

采用 Spss24.0 对原始数据进行处理和分析，用方差分析法对情绪劳动策略、职业自我效能和工作满意度在年龄、性别、工作年限以及职称等变量上的差异进行分析，用皮尔逊相关和回归分析法对情绪劳动策略和三个维度、职业自我效能与工作满意度之间进行相关分析，用回归分析法逐步检验中医药人才职业自我效能在情绪劳动策略与工作满意度之间的调节作用。

三、数据分析

本研究应用《情绪劳动策略问卷》《工作满意度问卷》《职业自我效能问卷》三个量表对全国中医 234 名工作者进行调查。因为是中医药工作者，所以采用网上发布问卷的方法进行测量，电子问卷前写了详细的指导语和保密原则。本研究应用 SPSS 对数据进行了分析。

（一）情绪劳动策略、工作满意度和职业自我效能的总体情况

表 3.3.2　情绪劳动策略、工作满意度和职业自我效能总体情况

	均值	标准差
工作满意度	72.58	5.082
职业自我效能	48.10	2.823
表层行为	15.21	2.330
被动深度行为	19.06	2.518
主动深度行为	22.95	2.876
情绪劳动策略	57.22	4.576

由表 3.3.2 得出中医药人才工作满意度的平均分为 72.58，说明中医药人才工作满意度整体上处于偏上水平，其中最小值为 58，最大值为 85，标准差为 5.082，因此，中医药人才的工作满意度存在较大差异。

中医药人才的职业自我效能的平均分是 48.10，即中医药人才的职业自我效能整体上处于偏上水平，其中最小值为 39，最大值为 56，标准差为 2.828，说明中医药人才的职业自我效能存在一定的差异。

情绪劳动策略的总分是 15~75 分，其中表层行为、被动深度行为和主动深度行为的得分分别为 4~20 分、5~25 分、6~30 分，得分越高，说明更侧重于运用此情绪劳动策略。通过对中医药人才的情绪劳动策略的描述性结果统计，均值均属于中等偏上水平，且标准差均大于 2，说明中医药人才的情绪劳动策略存在一定的差异。

（二）各因素的相关分析

对情绪劳动策略及三个维度和工作满意度、职业自我效能做皮尔逊相关，具体结果如下表 3.3.3：

表 3.3.3　各因素的相关关系矩阵

	表层行为	被动深度行为	主动深度行为	情绪劳动策略	工作满意度	职业自我效能
工作满意度	-.169*	.144*	.144*	.084	1	
职业自我效能	-.142*	.133	.164*	.104	.172*	1

注：$*P < 0.05$，$**P < 0.01$

由表 3.3.3 可以看出中医药人才表层行为策略和工作满意度、职业自我效能负相关显著；中医药人才的被动深度行为策略和工作满意度正相关显著，和职业自我效能正相关；中医

药人才的主动深度行为和工作满意度、职业自我效能正相关显著；中医药人才的情绪劳动策略与工作满意度、职业自我效能正相关，但不显著；中医药人才的职业自我效能和工作满意度正相关显著。

（三）各因素的回归分析

1. 情绪劳动策略各维度对工作满意度的回归分析

表 3.3.4   情绪劳动策略各维度对工作满意度的回归分析

自变量	R	R^2	B	β	T	Sig.
常量			72.259		20.461	0.000
表层行为	0.169a	0.028	-0.379	-0.174	-2.547	0.012
主动深度行为	0.226b	0.051	0.265	0.150	2.200	0.029

由表3.3.4得出表层行为、主动深度行为两个行为策略进入工作满意度的回归方程当中，即表层行为和主动深度行为对工作满意度具有显著影响，对工作满意度的高低有一定的预测作用。

2. 情绪劳动策略各维度对职业自我效能的回归分析

表 3.3.5   情绪劳动策略各维度对职业自我效能的回归分析

自变量	R	R^2	B	β	T	Sig.
常量			46.999		23.928	0.000
表层行为	0.164a	0.027	0.166	0.170	2.248	0.014
主动深度行为	0.221b	0.049	-0.179	-0.148	-2.162	0.032

由表3.3.5可以看出，表层行为与主动深度行为两个策略进入职业自我效能的回归方程当中，说明主动深度行为和表层行为策略对中医药人才的职业自我效能有显著的影响，对职业自我效能的高低具有一定的预测作用。

3. 职业自我效能对工作满意度的回归分析

表 3.3.6   职业自我效能对工作满意度的回归分析

自变量	R	R^2	B	β	T	Sig.
常量			57.725		9.674	.000
职业自我效能	.172a	.029	.309	.172	2.494	.013

由表3.3.6可以看出，中医药人才职业自我效能进入工作满意度的回归方程，说明中医药人才的职业自我效能对工作满意度具有显著影响，即中医药人才的职业自我效能对工作满意度的高低有一定的预测作用。

（四）职业自我效能的调节作用

1. 职业自我效能在表层行为和工作满意度之间的调节作用

表 3.3.7　职业自我效能在表层行为和工作满意度之间的调节效应分析

变量	因变量：工作满意度		
	模型一	模型二	模型三
常量	72.416	64.64	64.772
性别	.058	.079	.065
年龄	.113	.120	.119
工作年限	.041	.017	.018
职称	-.337	-.263	-.266
表层行为		-.321*	-.33*
职业自我效能		.261*	.261*
表层行为 * 职业自我效能			-.019
Adj R2	-.012	.027	.023
△ R2	.007	.048	.000
F	.365	1.958	1.686

由表 3.3.7 得出，表层行为和职业自我效能的交互效应不显著（$p > 0.05$），中医药人才的职业自我效能在表层行为和工作满意度之间的调节作用不显著。

2. 职业自我效能在被动深度行为和工作满意度之间的调节作用

表 3.3.8　职业自我效能在被动深度行为和工作满意度之间的调节效应分析

变量	因变量：工作满意度		
	模型一	模型二	模型三
常量	72.416	54.234	52.389
性别	.058	.257	.35
年龄	.113	.109	.106
工作年限	.041	.024	.018
职称	-.337	-.254	-.171
被动深度行为		.249	.232
职业自我效能		.272*	.313*
被动深度行为 * 职业自我效能			-.119*
Adj R2	-.012	.021	.04
△ R2	.007	.042	.024
F	.365	1.728	2.235

表 3.3.8 模型一做人口学变量的回归分析，模型二在模型一基础上加入被动深度行为和职业自我效能，模型三在模型二的基础上加入交互效应，被动深度行为和职业自我效能的交互效应显著（$p < 0.05$），中医药人才的职业自我效能在被动深度行为和工作满意度之间的调节作用显著。

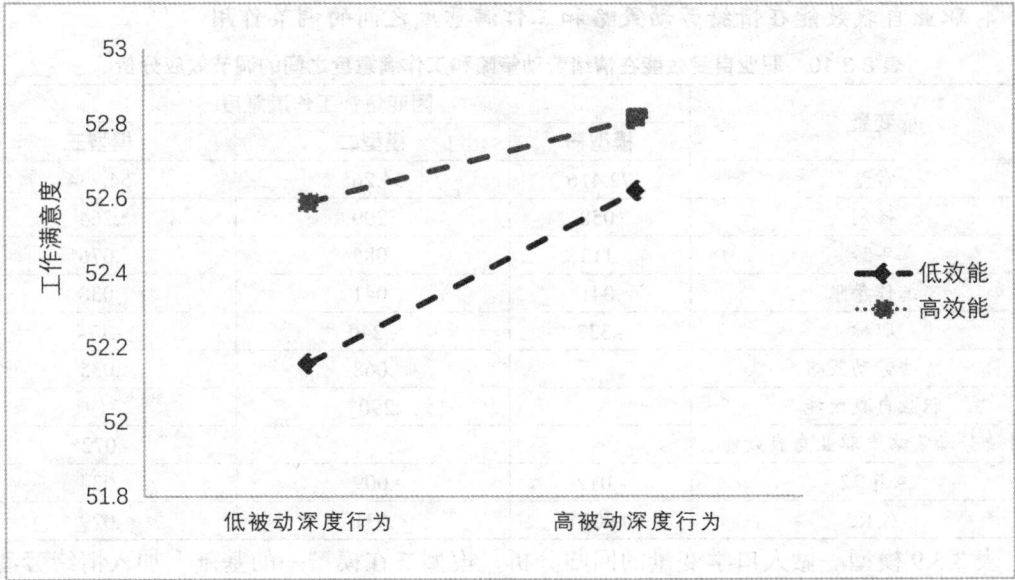

图 3.3.2 职业自我效能在被动深度行为和工作满意度之间的调节效应图

3. 职业自我效能在主动深度行为和工作满意度之间的调节作用

表 3.3.9 职业自我效能在主动深度行为和工作满意度之间的调节效应分析

变量	因变量：工作满意度		
	模型一	模型二	模型三
常量	72.416	54.696	55.367
性别	.058	.184	.262
年龄	.113	.068	.063
工作年限	.041	.035	.028
职称	-.337	-.201	-.163
主动深度行为		.197	.167
职业自我效能		.270*	.270*
主动深度行为 * 职业自我效能			-.086
Adj R2	-.012	.018	.03
△ R2	.007	.039	.017
F	.365	1.620	1.915

由表 3.3.9 得出主动深度行为和职业自我效能的交互效应不显著（ P ＜ 0.05 ），中医药人才的职业自我效能在主动深度行为和工作满意之间调节作用不显著。

4. 职业自我效能在情绪劳动策略和工作满意度之间的调节作用

表 3.3.10　职业自我效能在情绪劳动策略和工作满意度之间的调节效应分析

变量	因变量：工作满意度		
	模型一	模型二	模型三
常量	72.416	54.265	54.734
性别	.058	.209	.264
年龄	.113	.085	.076
工作年限	.041	.041	.038
职称	-.337	-.240	-.174
情绪劳动策略		.068	.035
职业自我效能		.290*	.319*
情绪劳动策略 * 职业自我效能			-.072*
Adj R2	-.012	.009	.034
△ R2	.007	.031	.029

表 3.3.9 模型一做人口学变量的回归分析，模型二在模型一的基础上加入情绪劳动策略和职业自我效能，模型三在模型二的基础上加入二者交互效应，情绪劳动策略和职业自我效能的交互效应显著（$p < 0.05$），职业自我效能在情绪劳动策略和工作满意度之间调节作用显著。

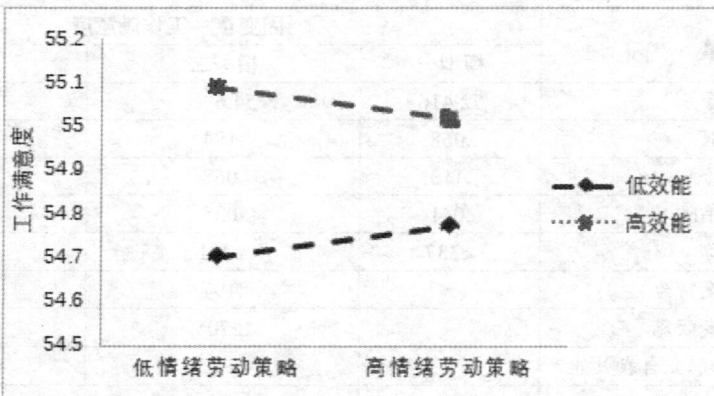

图 3.3.3　职业自我效能在情绪劳动策略和工作满意度之间的调节效应图

5. 假设检验汇总

本节通过对问卷反馈的数据进行统计分析验证了前文提出的假设，所得结果如表3.3.11所示：

表 3.3.11　假设检验情况一览表

编号	假设内容	结果
H1	中医药人才的情绪劳动策略对工作满意度有显著正相关	不支持
H1a	表层行为对工作满意度有显著负向影响	支持
H1b	被动深度行为对工作满意度有显著正向影响	支持
H1c	主动深度行为对工作满意度有显著正向影响	支持
H2	中医药人才的情绪劳动策略对职业自我效能有显著正相关	不支持
H2a	表层行为对职业自我效能有显著负向影响	支持
H2b	被动深度行为对职业自我效能有显著正向影响	不支持
H2c	主动深度行为对职业自我效能有显著正向影响	支持
H3	中医药人才的职业自我效能对工作满意度有显著正向影响	支持
H4	职业自我效能在情绪劳动策略和工作满意度之间的调节作用	支持
H4a	职业自我效能在表层行为和工作满意度之间起调节作用	不支持
H4b	职业自我效能在被动深度行为和工作满意度之间起调节作用	支持
H4c	职业自我效能在主动深度行为和工作满意度之间起调节作用	不支持

四、结果与讨论

（一）各变量总体现状

由表 3.3.2 得出中医药人才的工作满意度整体上处于中等偏上水平，存在较大差异，要广泛关注到中医药人才，尤其是多关注工作满意度低的中医药人才，并积极采取措施改善这一现象，提高中医药人才的工作满意度。

中医药人才的职业自我效能整体上处于中等偏上水平，且存在一定的差异，多关注职业自我效能低的中医药人才，并积极采取措施改善这一现象，提高中医药人才的职业自我效能。

情绪劳动策略及其维度均属于中等偏上水平，且存在一定的差距，我们需要关注到中医药人才的情绪劳动策略，并采取措施，尽可能地多使用主动深度行为策略。

（二）各因素之间的相关分析

由表 3.3.3 可以看出表层行为策略与工作满意度在 0.05 显著性水平上负相关显著，且相关系数为 -0.169，假设 H1a 通过，工作满意度越高的人，较少的使用表层行为策略，被动深度行为策略与工作满意度在 0.05 显著性水平上正相关显著，且相关系数为 0.144，假设 H1b 通过，主动深度行为与工作满意度在 0.05 显著性水平上正相关显著，且相关系数为 0.144，假设 H1c 通过，即工作满意度越高，更多地使用被动深度行为和主动深度行为；情绪劳动策略与工作满意度呈正相关但不显著，相关系数为 0.084，可能是因为由于是网上发布问卷，收集数据有一定的误差，导致二者正相关但不显著。

表层行为策略与职业自我效能在 0.05 显著性水平上负相关显著，且相关系数为 -0.142，假设 H2a 通过，职业自我效能越高，更少使用表层行为策略；被动深度行为策略与职业自我效能正相关但不显著，相关系数为 0.133，可能是因为中医药人才本身就具有较高的职业自我效能，在工作中较多使用恰当的情绪劳动策略，职业自我效能高低影响不大；主动深度行为与职业自我效能在 0.05 显著性水平上呈显著的正相关，相关系数为 0.164，假设 H2c 通过，说明职业自我效能越高的人较多地使用主动深度行为。

职业自我效能与工作满意度在 0.05 显著性水平上正相关显著，相关系数为 0.172，假设 3 通过，职业自我效能越高其工作满意度越高。

（三）各因素之间的回归分析

1. 情绪劳动策略及三个维度对工作满意度的回归分析

由表 3.3.4 得出表层行为、主动深度行为两个策略对工作满意度的影响较大，其中表层行为策略与之呈负相关，主动深度行为与之呈正相关，由标准化回归系数可以看出表层行为对工作满意度的影响更大一些，且 R2 分别为 0.028、0.051，即表层行为、主动深度行为可以解释 2.8%、5.1% 的变异量。

2. 情绪劳动策略及三个维度对职业自我效能的回归分析

由表 3.3.5 可以看出，表层行为与主动深度行为两个策略对职业自我效能的影响较大，其中表层行为策略与之呈负相关，主动深度行为与之呈正相关，由标准化回归系数可以看出主动深度行为对工作满意度的影响更大一些，且 R2 分别为 0.027、0.049，即主动深度行为和表层行为分别可以解释 2.7%、4.9% 的变异量。

3. 职业自我效能对工作满意度的回归分析

由表 3.3.6 看出，职业自我效能对工作满意度有影响，且与之呈正相关，R2=0.029，也就是职业自我效能可以解释 2.9% 的变异量。

（五）职业自我效能的调节作用

1. 职业自我效能在表层行为和工作满意度之间的调节作用

由表 3.3.7 可以得出，p > 0.05，不显著，职业自我效能对表层行为和工作满意度之间的调节作用不显著，但通过前面的回归分析，中医药人才的表层行为与职业自我效能与工作满意度都呈显著负相关，这可能是因为网络发布问卷，导致数据误差比较大，而且样本量比较少，两者的相关是低相关，导致调节作用不显著，加上中医药人才这一被试的特殊性，较少使用表层行为策略，因此调节作用不显著。

2. 职业自我效能在被动深度行为和工作满意度之间的调节作用

表 3.3.8 被动深度行为和职业自我效能的交互效应有统计学意义（p < 0.05），也说明中医药人才的被动深度行为与工作满意度之间的关系受职业自我效能的影响，职业自我效能在被动深度行为和工作满意度之间起调节作用。其回归系数 -0.119（p < 0.05）显著，

为负向调节，也就是当职业自我效能越高的时候，反而会减弱被动深度行为对工作满意度的影响，和本节的最初假设相反。通过图 3.3.2 调节效应图发现，高职业自我效能的人，当被动深度行为升高时，工作满意度有所上升，但是其变化幅度不大，可能是因为高职业自我效能的中医药人才本身的情绪调节能力比较强，主要是深层情绪劳动策略，因此被动深度行为策略对工作满意度的影响不大；但低职业自我效能的人来说，情绪劳动策略与工作满意度联系较为紧密，当被动深度行为增大时，工作满意度也会大幅上升，对于这一类中医药人才，越高的被动深度行为策略会增加对工作的适应能力，其工作满意度也会升高。本节研究结果和前人研究有一定的差异，但是在同一被动深度行为策略水平上，高职业自我效能的人的工作满意度越高。

3. 职业自我效能在主动深度行为和工作满意度之间的调节作用

由表 3.3.16 可以得出交互效应（p > 0.05），不显著，中医药人才的职业自我效能在主动深度行为和工作满意度之间的调节作用不显著，通过上面的回归分析，主动深度行为与职业自我效能与工作满意度都呈显著正相关，这可能是因为是网络发布问卷，导致数据误差比较大，而且样本量比较少，二者之间的相关是相关较低，调节作用不显著。

4. 职业自我效能在情绪劳动策略和工作满意度之间的调节作用

由表 3.3.17 得出情绪劳动策略和职业自我效能的交互效应有统计学意义（p < 0.05），也就是情绪劳动策略与工作满意度之间的关系受职业自我效能的影响，职业自我效能在情绪劳动策略和工作满意度之间起调节作用。其回归系数为 -0.072（p < 0.05）显著，为负向调节，也就是当职业自我效能越高的时候，反而会减弱情绪劳动策略对工作满意度的影响，和本节最初假设相反。通过图 3.3.3 调节效应图发现，高职业自我效能的人，当情绪劳动策略升高时，工作满意度有所下降，但是其变化幅度不大，可能是因为高职业自我效能的中医药人才本身的情绪调节能力比较强，主要是深层情绪劳动策略，因此情绪劳动策略对工作满意度的影响不大，但可能由于在工作中的过度情绪劳动策略的使用，可能在长时间的工作中形成一种习惯，反而会影响工作满意度；对于低职业自我效能的人来说，当被动深度行为增大时，工作满意度也会上升，但变化幅度不大，可能是因为中医药人才接受的教育水平较高，情绪劳动策略对其影响较小。本节研究结果虽然有一定的差异，但是在同一情绪劳动策略水平上，高职业自我效能的人的工作满意度越高，即职业自我效能在情绪劳动策略和工作满意度之间有显著的调节作用。

五、结论

本研究以在临床的中医药人才为研究对象，以电子问卷为主，经过 Spss24.0 实证分析可以得出情绪劳动策略、职业自我效能和工作满意度总体都处于中等偏上水平，通过 Pearson 相关得出两两变量的相关关系，通过回归调节效应分析得出职业自我效能在情绪劳动策略和工作满意度之间的调节作用。理论上可以为医院在制定相关政策，提高中医药人才的职业自我效能和工作满意度，以便更好地留住中医药人才提供一些建议。具体结论如下：

对中医药人才情绪劳动策略、职业自我效能以及工作满意度做描述性统计，结果表明三个变量总体都处于中等偏上，且标准差都较大，三者总体都存在很大的差异，需要我们广泛关注到中医药人才，尤其是各因素水平较低的中医药人才。对中医药人才的情绪劳动策略及其维度、职业自我效能和工作满意度之间做相关分析，结果表明表层行为对职业自我效能和工作满意度负向影响显著；被动深度行为对工作满意度正向影响显著；主动深度行为对职业自我效能和工作满意度正向影响显著；职业自我效能对工作满意度正向影响显著，通过多元线性回归和调节效应分析，得出职业自我效能在情绪劳动策略和工作满意度之间的调节作用显著，职业自我效能在被动深度行为和工作满意度之间的调节作用显著，也就是面对同一情绪劳动策略水平，职业自我效能水平越高，工作满意度越高。

六、研究创新

本节最大的创新点在于研究对象的创新性，中医药人才是目前国家正在大力发展的，但是对研究中医药人才的文献较少。本节研究中医药人才情绪劳动策略、职业自我效能以及工作满意度的关系，丰富了中医药人才的研究成果，也在一定程度上为一些政策的制定提供了理论支持，以便更好地留住中医药人才。本节的另一创新点是理论模型的建构，在查阅文献的过程中，较少有文献研究情绪劳动策略、职业自我效能和工作满意度的关系，本节理论模型的建构丰富了心理学变量的研究。

七、研究的局限性与展望

（一）局限性

1. 问卷的局限性

本次研究使用的三个问卷都是针对医生或者其他人群，并不是针对中医药人才所编制的问卷，虽然问卷的信效度较高，但是在测量过程中会导致测量结果产生一定的误差。

2. 被试的局限性

因为本次问卷调查研究对象是临床的中医药人才，被试范围较窄，因而问卷大部分是通过问卷星发布问卷收集数据，缺乏指导，而且由于被试的特殊性，本次调查样本数量不足，导致一定的误差。

（二）研究展望

未来研究中首先需要开发适合中医药人才实际情况的量表，以便我们在进行问卷调查的时候所测量的变量更加符合实际情况。其次在进行调查的时候需要必要的访谈，使研究结果更具权威性；扩大样本容量，使我们的数据更具有代表性。最后需要和医院具体的政策相结合，使研究结果更具有现实意义。

参考文献

[1] Hochschild A R.The Managed Heart：Com-merialization of Human Feeling[M]. Berkeley：University of California Press，1983

[2] 汤超颖，周岳，赵丽丽 . 服务业员工情绪劳动策略效能的实证研究 [J]. 管理评论，2010.22（3）：93-100，114.

[3] 方淑苗 . 服务业员工情绪劳动策略对工作满意度的影响研究：基于自我效能感的中介效应 [D]. 安徽大学，2014：60.

[4] Hochschild A R.The Managed Heart：Com-merialization of Human Feeling[M]. Berkeley：University of California Press，1983.

[5] 彭永新，龙立荣 . 大学生职业决策自我效能测评的研究 [J]. 应用心理学，2001（2）：38-43.

[6] 赵凯佳，等 . 四川省二类经济区县级公立医院医生工作满意度调查 [J]. 现代预防医学，2019.46（24）：4448-4452.

[7] 王艺婷，大学生职业自我效能与可雇佣性能力的关系研究 [D]. 南京师范大学，2020：99.

[8]Ye Hoon Lee，Packianathan Chelladurai.Emotional intelligence，emotional labor，coach burnout，job satisfaction，and turnover intention in sport leadership.2018，18（4）：393-412.

[9] 李明军 . 中小学教师情绪工作策略、情绪智力与工作满意度的关系 [J]. 中国健康心理学杂志，2011.19（6）：675-677.

[10] 肖凤，等 . 临床护士情绪智力、自我效能感、工作环境与关怀行为的相关性 . 护理研究，2021.35（3）：396-401.

[11] 王朝霞，杨敏，王慧，高伟 . 护士情绪劳动表现策略与自我效能的相关性分析 [J]. 护理学杂志，2009（11）：12-14.

[12] 罗献明，宫本宏，张国华 . 护士职业延迟满足在自我效能感与工作满意度中的中介效应 [J]. 护理学杂志，2016.31（1）：73-75.

[13] 朱乐凤，刘彦慧，丁慎勇 . 专业护理实践环境与一般自我效能感对护士工作满意度的影响 [J]. 中华护理杂志，2011.46（9）：845-848.

[14] 姜飞月，郭本禹 . 职业自我效能的测量及其量表修订 [J]. 淮南师范学院学报，2004（6）：92-95.

[15]夏梅.南宁市临床医生工作压力、心理资本、工作满意度与工作投入的关系研究 [D].

广西大学，2016：86.

[16] 汪柳妹.医学生职业自我效能与乐观、心理韧性的关系 [D].天津医科大学，2015：54.

第四章　人才创新能力

采用问卷法对 300 名中医药工作者进行调查，旨在考察心理压力水平、中医药工作者创造力、情绪的作用之间的关系。研究结果表明，中医药创新工作者的心理压力水平与创新行为有显著相关关系，中医药工作者的情绪创造性与创新行为呈正相关关系，中医药工作者的心理压力水平与情绪创造性有显著的相关关系，情绪在中医药工作者的心理压力水平与创造力之间存在中介作用。

一、绪论

（一）研究背景

目前，社会人口急剧增长，社会生活节奏越来越快，人们在工作、生活等方面的竞争越来越激烈，同时人们对物质生活与精神生活以及下一代的教育、生活的要求日益提高。所以，在激烈的竞争环境与努力追求美好生活的背景之下，人们的心理压力水平也越来越高。在极具现代化气息的现代社会中，人们担负的任务越来越多，情绪方面也在钢筋混凝土的建筑中渐渐脆弱化，影响情绪变化的因素也越来越多，情绪也容易受影响而不断变化。现在社会飞速发展，尤其是科技方面，毋庸置疑，创造力在其中起着重要的作用，而且创造力将会一直对人们生活的发展起重要的作用。在快速发展的进程中，人们的身体与心理也难免会出现问题，因此医务工作者的能力与健康状况也显得十分重要。而创造力也必定会对医务人员的工作做出极大的贡献，解决不少难题、突破不少领域。目前，中医药领域也越来越被人们所接受、重视与信任。因此，基于心理压力、创造力、情绪、中医药工作者的重要地位和重要作用，结合前人研究，本研究旨在考察心理压力水平、中医药工作者创造力、情绪的作用之间的关系，从而找到它们的实际意义并加以运用。

（二）关于心理压力的概述

关于心理压力的相关研究为本研究提供了理论基础。Baumeister，Smart 以及 Boden（1996）提出自我威胁指当个体的自我存在、自我形象被质疑、反驳、责难、挑战以及在危险情境下的心理反应，包括个体积极的自我形象或自尊受到威胁时，即个体存在心理压力。[1] 因此，当个体感受到自我威胁时即为感受到了心理压力。徐欣颖、高湘萍（2017）

在进行的关于自我威胁的研究中提出，吸引线索位置的注意和在控制靶子之处的注意之时，具有心理压力性质的威胁性自我概念都容易严重占用个体的注意资源，缩窄注意空间，缩小视觉搜索范围，这体现了威胁性自我概念灵活的甚至是无条件的激活方式，这种自我威胁"易感性"会使个体采用不理性的、非适应性的环境刺激加工模式，形成人际紧张等存在社会适应问题的潜在的自我认知机制，从而进一步对心理压力水平造成影响。

（三）关于情绪的概述

目前，人们对情绪有了不少的研究。李岩松和周仁来（2008）通过实验法得出结论，从而提出了情绪记忆的"双加工"理论：回溯性的情绪记忆和一般回溯记忆相同，涉及熟悉性与回想两种再认、提取过程，情绪主要通过回想，大多是对细节的回忆，来增强记忆效果，但对熟悉性提取的帮助较少，说明以往的细节记忆会对人的情绪产生不小的影响。[3]

（四）关于创造力的概述

关于创造力的研究也为本研究提供了思路：创造性思维是创造力的一个重要表现，且创造性思维是在创造活动中体现出来的一种高级的思维活动。Rudowicz & Yue（2002）通过研究得出，创造即在具体问题情境中体现出来的一种突破原有经验和习惯的限制，以形成新观念和产品的心理过程。[13]

（五）心理压力和创造力的关系

人类的负性情绪是造成个体产生心理压力的重要部分。人类加工负性情绪信息在注意前阶段具有自动化倾向。普通个体可随着刺激变换灵活转移注意力，而高焦虑个体控制力不足，这可能是形成和维持高焦虑的原因。焦虑又是心理压力的一种表现。[2]而注意又是创新性思维的基础，所以心理压力对创造性思维有着本质的、基础性的影响。根据以上材料提出以下假设：

H1：中医药人才的心理压力会对其创造能力产生影响，并呈现显著正相关关系。

（六）情绪与创造力的关系

根据李岩松和周仁来（2008）的研究结果：情绪主要通过回想、对细节的回忆来增强记忆效果，那么创造力的发生过程也以对细节的回想、分析为基础。彭耽龄提出，基于记忆的远距离联想能力对创造性思维来说有着重要作用。[4]情绪同时具有创造性，Gutbezahl和Averill（1996）提出了情绪创造性的概念：情绪创造性指个体真实而独特地感受、表达情绪，以满足个人或人际需要的能力。[5]接着，Averill（1999）通过研究提出：情绪创造性有三个维度：准备性、新奇性和有效性。准备性指个体重视情绪，有思考、理解和探索情绪的意愿且有较高的情绪敏感性。新奇性则是指情绪反应比典型行为新奇独特。情绪具有有效性则是当情绪产生了对个体或群体有益的结果。他还指出，情绪创造性受环境、个体等多个方面因素的影响。[6]情绪创造性对个体的积极意义重大：Averill（1999）提出，情绪创造性能够提高个体的自尊水平；[7]Wang，Huang & Zheng（2015）提出情绪创造性可以促进内部动机。[8]而且情绪创造性对个体的心理健康也有重大意义——Lattifian 和 Delavarpour（2012）提出，[9]在一定程度上，情绪创造性对心理健康的积极作用主要表现在应对方式上。陈树林，郑全全，潘健男和郑胜圣（2000）提出，应对方式有情绪中心应对和问题中心应对两种。情绪中心应对指向于情绪宣泄，而问题中心应对指向于问题解决。[10]而 Averill（1999）的研究中表明，在面临压力情景时，情绪创造性水平高的个体会采取一系列的应对策略帮助解决问题，如自我控制、尝试解决问题、寻求社会支持，但较少采用回避策略，所以更利于问题的解决和心理适应。[11]此外，薛朝霞、梁执群和卢莉（2010）在文献中提出：成就动机与应对方式之间有着密切关系，追求成功动机的个体倾向于以问题为中心且成熟的应对方式，避免失败动机个体则更偏向以情绪为中心且不成熟的应对方式。[12]具体而言，Chen，Hu 和 Plucuker（2016）得出研究结果：在积极的情绪状态下个体比较容易出现较多的知识连接点和不同寻常的联想，提出的观点更流畅、更灵活，而且比较富有创意。[14]Nelson & Sim（2014）年还提出，具有积极情绪状态的个体有更高的兴趣来探究不同的思维和行为方式解决问题。所以综上，积极的情绪状态能够促进个体的创造性表现。[15]Fernández-Abascal（2013）& Díaz 和 Chen et al.（2016）相继提出，消极情绪不影响或阻碍创造性思维。[16]然而，Eastwood，Frischen，Fenske 和 Smilek（2012）通过研究发现，消极情绪也能够提高个体的创造性表现。[17]Pessoa & Engelmann（2012）提出创造力的双通道模型：积极情绪和消极情绪都可以促进创造力。在积极的情绪状态下，个体能够打破心理环境，重组认知结构，产生各种认知类别，从而能够通过增强认知灵活性促进创造力。[18]Baas，Roskes，Sligte，Nijstad，& De Dreu（2013）提出当个体具有消极情绪时，个体会坚持想出相似的问题解决办法，并且能够回忆起更多的原创想法，以此增强认知持久性从而促进创造力。这同时也证明情绪影响创造性思维的途径有很多种：在积极情绪状态下，个体更注重内部的、主观的信息，运用更多的认知资源，做出的决策不太涉及外部环境信息，因此能够产生更流畅的想法与观点。[19]李亚丹、马文娟、罗俊龙、张庆林（2012）提出，通过研究发现：在消极的情绪状态下，个体更加重视外部的、客观的线索。在信息加工的过程中，个体还要运用很多的认知资源抑制其他信息的干扰。但如果确定了突破的方向，个体就会专注在这一特定的问题情境下，并向该方向继续努力，从而获得更具原创性的、新颖的观点，最终实现创新。[20]Lehrer（2008）以及 Topolinski 和 Reber（2010）提出，顿悟体验是科学发明和发现的重要过程，是表征重构引起的。顿悟是创新性思维的一个重要表现与方式。[21]关于顿悟与情绪的关系，沈汪兵、袁媛、赵源、贡喆与刘昌（2017）关于顿悟的研究中提出，Jones（2008）、Sandkühler 和 Bhattacharya（2003）以及 Cranford 和 Moss（2012）提出，个体解决顿悟问题并不总是顺利的，会因为各种思维困境而在很长时间内陷入因为定势自动激活产生的僵局之中。[22]Sio、Rudowicz（2007）以及沈汪兵、刘昌、罗劲、余洁（2012）通过研究提出，思维困境在本质上个体穷尽各种可见的方法之后却无果的心理状态。[23]Payne 和 Duggan（2011）、Beeftink，van Eerde 和 Rutte（2008）以及 Cranford 和 Moss（2012）提出了它的具体表现：解题者因为已有知识和定式限制没有新思路，并且伴有焦虑、挫折感、失败感甚至绝望等负面情绪。[24]Kaplan 和 Simon（1990）运用残缺棋盘问题对本问题进行探讨，结果观察到了顿悟重构实现后的惊奇体验，并记录到了解题者在尝试处理问题时的沮丧情绪。Chermahini 和 Hommel（2010）发现远距离联想解决问题的过程引起了显著的负面情绪，同时有着生理唤醒水平的减弱。而远距离联想能力又是创新性思维的一个重要组成部分。根据以上材料提出以下假设：

H2：中医药人才的情绪会对其创造能力产生影响。

H2a：中医药人才的积极情绪与创造能力呈显著正相关。

H2b：中医药人才的消性情绪与创造能力呈显著负相关。

H3：中医药人才的情绪会对其心理压力产生影响。

H3a：中医药人才的积极情绪与心理压力呈显著正相关。

H3b：中医药人才的消极情绪与心理压力呈显著负相关。

H4：山东省中医药工作者的创造力水平、情绪创造性、心理压力水平之间存在显著相关关系。

H5：情绪在创造力水平与心理压力之间存在部分中介作用。

二、研究方法

（一）研究对象

选取山东省内中医药工作者 350 名，发放问卷，对其进行问卷调查。在线上发放问卷，做有偿填写，问卷填写完毕进行回收，删除有较多缺失值、不认真作答者等，最终保留有效问卷 303 份，具体人口学数据见表 4.1。

表 4.1　本次研究被试的男女人数及比例

性别	男	女
人数	151	152
比例	49.83	50.17

表 4.2　本次研究被试的年龄情况及比例

年龄	20~25	26~30	31~35	36~40	41~45	46~50	51~55	56~60
人数	6	39	67	79	41	31	29	11
比例	1.98	12.87	22.11	26.07	13.53	10.23	9.57	3.63

（二）测量

1. 关于中医药工作者心理压力水平的测量

采用来自 NASA's Ames Research Center 的主观心理负荷评估量表（NASA TASK LOAD INDEX），由 Reid Nygren 在 1988 年开发，修订后的量表共六个维度：心智要求、体力要求、时间要求、个人表现、精力、挫折感，信效度高。计分方式包含两步流程：第一步是让被试评估对影响特定任务工作量的因素，在两两比对中进行权衡。每次选择一个，共15组。某个因素被选次数越多即表示与该任务的关联越大。第二步是对每个尺度进行打分，从而确定该因素在特定任务的影响量级。打分可在任务中间、单个任务后或者整个任务完成后进行。该量表采用5点式计分：1~5程度逐渐增加。

2. 关于中医药工作者情绪状态的测量

采用情绪自评量表（PANAS），内部一致性信度 α=0.75 效度 γ=0.65，该量表共有20个关于情绪的形容词，共分为两个情绪维度：正性情绪和负性情绪。其中，正性情绪维度由10个形容词组成，如意志坚定的、备受鼓舞的；正性情绪分高代表个体精力旺盛，能全神贯注和具有快乐的情绪状况，而分数低表明冷漠。正性情绪维度由10个形容词组成，如易怒的、害羞的。负性情绪分高说明个体主观感觉困惑、痛苦，而分低表示镇定。量表对正性情绪和负性情绪两个分量表进行了统计分析。在被试作答时要求被试根据自己近1~2周的实际情况在每一个形容词后面选择符合自己的相应程度。该量表采用5点式计分：几乎没有、比较少、中等程度、比较多和极其多。

3. 关于中医药工作者创新水平的测量

采用工作者创新能力研究量表，该量表共有12个题目，信效度良好。改良后采用7点式计分：1表示非常不同意，7表示非常同意。

（三）理论模型

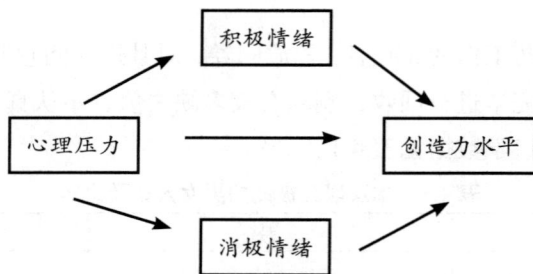

图4.1　心理压力、情绪、创造力三者之间的关系模型

三、结果

（一）被试特征

调查问卷统计结果显示，此次研究的被试学历有专科、本科、研究生、硕士、博士，职称有住院医师、主治医师、副主任医师、主任医师，工作年限从0~40年不等。经过数据分析，发现中医药工作者的职称、学历、年龄均无显著相关关系。这可能与个体的工作方式、习惯以及工作氛围有较大关系。

（二）心理压力、创新能力和情绪的分析

1. 描述统计量

表 4.3　积极与消极情绪描述统计

	全距	极小值	极大值	均值	标准差
积极情绪总和	31.00	18.00	49.00	38.7690	9.00512
消极情绪总和	32.00	12.00	44.00	22.6040	8.37184
创新能力总和	33.00	23.00	56.00	45.3399	5.54392
心理压力总和	20.00	8.00	28.00	19.2211	5.25010

表 4.3 首先呈现的是 303 名被试的各变量得分情况。其中，积极情绪总分为 50 分，最小值是 18 分，最大值是 49 分，全距为 31，均值约为 38.8 分，标准差为 9，说明该组被试在积极情绪变量上的得分存在较大差异，且被试的积极情绪得分处于较高水平。第二，呈现的是 303 名被试的消极情绪得分情况，总分为 50 分，最小值是 12 分，最大值是 44 分，全距为 32，均值约为 22.6 分，标准差约为 8.4，说明该组被试在消极情绪变量上的得分存在较大差异，且被试的积极情绪得分处于较低水平。第三，呈现的是 303 名被试的创新能力得分情况，总分为 84 分，最小值是 23 分，最大值是 56 分，全距为 33，均值约为 45.3 分，标准差约为 5.5，说明该组被试在创新能力变量上的得分存在较大差异，且被试的创新能力得分处于较高水平。第四，呈现的是 303 名被试的心理压力得分情况，总分为 75 分，最小值是 8 分，最大值是 28 分，全距为 20，均值约为 19.2 分，标准差约为 5.3，说明该组被试在心理压力变量上的得分存在较大差异，且被试的心理压力得分处于较低水平。

2. 不同性别的中医药人才在情绪等各维度上的独立样本 t 检验

表 4.4　不同性别的中医药人才在情绪等各维度上的独立样本 t 检验

	性别	M	SD	t	Sig.
积极情绪	男	39.09	9.17	0.610	0.542
	女	38.45	8.86		
心理压力	男	19.74	5.13	1.726	0.085
	女	18.70	5.34		
消极情绪	男	22.36	8.55	-0.496	0.620
	女	22.84	8.21		
创造力	男	45.40	5.77	0.179	0.858
	女	45.28	5.32		

上表结果显示，积极情绪、消极情绪、心理压力以及创造力这四方面的单因素方差分析的 p 值均大于 0.05，因此这四个维度在性别方面的差异并不显著，即各维度在男女之间并没有明显差异。

3. 不同年龄阶段的中医药人才在情绪等各维度上的单因素方差分析

表 4.5 不同年龄阶段的中医药人才在情绪等各维度上的单因素方差分析

维度	年龄	M	SD	F	显著性
创新总和	20~25	47.00	3.03	0.789	0.597
	26~30	46.18	5.32		
	31~35	45.90	4.57		
	36~40	44.62	6.53		
	41~45	45.88	4.42		
	46~50	44.52	6.06		
	51~55	45.31	5.34		
	56~60	43.64	7.75		
心理压力	20~25	21.17	3.60	1.400	0.205
	26~30	20.13	4.89		
	31~35	18.55	5.60		
	36~40	19.62	5.10		
	41~45	18.49	5.41		
	46~50	17.55	5.75		
	51~55	20.24	4.78		
	55~60	20.91	4.28		
积极情绪	20~25	39.33	7.47	0.415	0.893
	26~30	39.80	8.93		
	31~35	37.30	9.74		
	36~40	39.04	8.49		
	41~45	38.41	8.85		
	46~50	39.81	8.97		
	51~55	39.17	9.49		
	56~60	39.18	9.97		
消极情绪	20~25	23.67	10.13	0.279	0.962
	26~30	22.10	8.57		
	31~35	23.66	8.41		
	36~40	22.41	8.84		
	41~45	22.66	7.97		
	46~50	21.42	7.83		
	51~55	22.48	8.32		
	56~60	22.27	8.08		

上表结果显示，积极情绪、消极情绪、心理压力以及创造力这四方面的单因素方差分析的 p 值均大于 0.05，因此这四个维度在性别方面的差异并不显著，即各维度在男女之间并没有明显差异。

4. 不同学历水平的中医药人才在情绪等各维度上的单因素方差分析

表 4.6　不同学历水平的中医药人才在情绪等各维度上的单因素方差分析

维度		均值	标准差	F	显著性
创造力	专科	44.3958	5.38216	0.524	0.718
	本科	45.6842	4.81914		
	研究生	45.1458	6.04941		
	硕士	45.2432	6.37881		
	博士	45.6667	8.2747		
心理压力	专科	21.1042	3.87155	3.108	0.016
	本科	18.9408	5.38975		
	研究生	18.9792	5.62475		
	硕士	17.5135	5.7282		
	博士	20.7222	3.6911		
积极情绪	专科	39.1458	8.69333	0.237	0.917
	本科	38.3618	9.25614		
	研究生	39.6042	8.94603		
	硕士	39.1622	8.58459		
	博士	38.1667	9.41994		
消极情绪	专科	22.9375	7.40157	0.757	0.554
	本科	22.8882	8.38996		
	研究生	21	7.52584		
	硕士	22.1622	9.55543		
	博士	24.5	10.29134		

上表结果显示，积极情绪、消极情绪以及创造力这三方面的单因素方差分析的 p 值均大于 0.05，因此这三个维度在学历水平上的差异并不显著，即各维度在学历水平之间并没有明显差异。但是在心理压力这个维度上的单因素方差分析的 p 值小于 0.05，因此在心理压力这个维度上在 0.05 的水平上差异显著。

5. 不同职称的中医药人才在情绪等各维度上的单因素方差分析

表 4.7　不同职称的中医药人才在情绪等各维度上的单因方差分析

维度		均值	标准差	F	显著性
创新能	住院医师	45.4595	5.33391	1.405	0.241
	主治医师	45.561	5.55133		
	副主任医师	44.9848	5.68802		
	主任医师	45.1591	5.98037		
心理压力	住院医师	19.3874	5.06175	0.165	0.92
	主治医师	18.7317	5.67439		
	副主任医师	20.1515	4.70104		
	主任医师	18.3182	5.5939		

续表

维度		均值	标准差	F	显著性
消极情绪	住院医师	22.4054	8.39846	0.567	0.637
	主治医师	23.0976	9.06031		
	副主任医师	23.1212	7.92176		
	主任医师	21.4091	7.73791		
积极情绪	住院医师	39.2342	9.06638	0.496	0.685
	主治医师	38.5976	8.89841		
	副主任医师	37.6515	9.37015		
	主任医师	39.5909	8.61129		

上表结果显示，积极情绪、消极情绪以及心理压力这三方面的单因素方差分析的 p 值均大于 0.05，因此这三个维度在职称上的差异并不显著，即各维度在不同职称之间并没有明显差异。但是在创造力这个维度上的单因素方差分析的 p 值小于 0.05，因此在心理压力这个维度上在 0.05 的水平上差异显著。

6. 不同工作年限的中医药人才在情绪等各维度上的单因素方差分析

表 4.8 不同职称的中医药人才在情绪等各维度上的单因方差分析

维度		均值	标准差	F	显著性
创造力	0~3 年	44.934	5.34392	1.268	0.272
	3~5 年	45.3229	6.02013		
	6~10 年	45.8125	5.13958		
	11~15 年	47.5294	4.12489		
	16~20 年	46.24	5.45649		
	20~30 年	42.6429	4.82951		
	30~40 年	45.9231	6.44802		
心理压力	0~3 年	19.5566	5.12339	1.188	0.313
	3~5 年	18.4792	5.58754		
	6~10 年	19.9063	5.10129		
	11~15 年	19.5882	5.19686		
	16~20 年	20.8	3.937		
	20~30 年	17.3571	5.91747		
	30~40 年	18.7692	5.32531		
消极情绪	0~3 年	23.1981	8.35683	0.425	0.862
	3~5 年	22.6563	8.31084		
	6~10 年	22.7188	9.4091		
	11~15 年	21.5294	7.88287		
	16~20 年	21.36	7.79359		
	20~30 年	23.2857	9.73043		
	30~40 年	20.1538	7.43691		

续表

维度		均值	标准差	F	显著性
积极情绪	0~3 年	38.3208	8.89467	0.357	0.905
	3~5 年	38.6458	9.59274		
	6~10 年	38.8125	9.0605		
	11~15 年	40.1176	8.20733		
	16~20 年	40.72	7.66768		
	20~30 年	37.4286	10.21096		
	30~40 年	39.1538	8.5425		

　　上表结果显示，积极情绪、消极情绪这两方面的单因素方差分析的 p 值均大于 0.05，因此这两个维度在工作年限上的差异并不显著，即各维度在不同的工作年限之间并没有明显差异。但是在心理压力与创造力这两个维度上的单因素方差分析的 p 值小于 0.05，因此在心理压力与创造力这两个维度上在 0.05 的水平上差异显著。

7. 各因素间的相关关系

　　采用 IBM—Spss Statistics 21.0 对通过问卷所得的调查结果进行皮尔逊相关分析。

表 4.9　积极情绪、创新能力与心理压力之间的相关关系

维度	创新能力	积极情绪	心理压力
创新能力	1		
积极情绪	0.026	1	
心理压力	-0.212**	0.480**	1
** 在 .01 水平（双侧）上显著相关。			

　　上表结果显示，在 0.01 的显著性水平（双侧）上，创新能力与积极情绪的相关性并不显著，但心理压力与积极情绪呈显著的负相关，而心理压力与积极情绪在 0.01 的显著性水平（双侧）上呈显著的正相关。

表 4.10　消极情绪、创新能力与心理压力之间的相关关系

维度	创新能力	心理压力	消极情绪
创新总和	1		
心理压力	-0.212**	1	
消极情绪	-0.029	-0.394**	1
** 在 .01 水平（双侧）上显著相关。			

　　上表结果显示，消极情绪与创新能力的相关并不显著，在 0.01 的显著性水平（双侧）上，心理压力与消极情绪呈显著的负相关，心理压力与创新能力呈显著负相关。

8. 各因素之间的回归分析

积极情绪对创新能力的回归分析

表 4.11 积极情绪对创新能力的回归分析

	B	t	Sig.	VIF	R^2	调整 R^2	F
（常量）	49.634	41.88	0	1	0.045	0.042	14.106
心理压力	-0.223	-3.756	0		0.066	0.06	
（常量）	47.292	31.989	0	1.299			10.587
心理压力	-0.307	-4.578	0	1.299			
	0.102	2.607	0.10				

上表结果显示，回归分析结果中的 P < 0.05，积极情绪对创新能力通过显著性水平检验。经过调整之后，R 方有所变化，说明积极情绪对创新能力有一定的中介效应且积极情绪中介作用的显著性为 0.10，说明创新能力的中介效应显著，且为部分中介效应。中医药人才心理压力有预测作用，能够解释创新能力 10.2% 的变异，说明在心理压力和创新能力之间还有很多其他因素在起作用。VIF 值为 1，说明该研究中的各变量不存在多重共线性。

参考文献

[1] 汪玲，高玉娇，张晓云.情绪创造性的影响因素及其与应对方式的关系 [J]. 心理科学，2017，40（05）:1168-1174.

[2] 于路.基于心电指标的心理压力检测研究 [J]. 心理科学，2017，40（02）:277-282.

[3] 徐欣颖，高湘萍.自我威胁刺激对返回抑制的影响 [J]. 心理科学，2017，40（02）: 296-302.

[4] 沈汪兵，袁媛，赵源，贡喆，刘昌.顿悟体验的特性、结构和功能基础 [J]. 心理科学，2017，40（02）:347-352.

[5] 毋嫘，林冰心，刘丽.高焦虑个体对负性情绪信息的注意移除发生困难 [J]. 心理科学，2017，40（02）:310-314.

[6] 李秀凤，孙健敏，林丛丛.高绩效工作系统对员工心理契约破裂的影响：一个跨层的被调节中介 [J]. 心理科学，2017，40（02）:442-447.

[7] 刘珂，张晶，赵怡佳.阈下启动情绪控制目标对恐惧刺激注意分配的影响 [J]. 心理科学，2016，39（06）:1339-1345.

[8] 邓欣媚，王晓钧，肖珊.独乐乐或众乐乐？不同文化下的正性情绪取向和调节研究 [J]. 心理科学，2016，39（06）:1413-1419.

[9] 郑鸽，赵玉芳.社会认知基本维度对现实威胁感知的作用研究 [J]. 心理科学，2016，39（06）:1434-1440.

[10] 刘雷，王红芳，陈朝阳.正念冥想训练水平对情绪加工的影响 [J]. 心理科学，2016，39（06）:1519-1524.

[11] 周淑金，李奥斯卡，罗俊龙.发散性思维与幽默的认知神经机制比较——基于双加工理论的视角 [J]. 心理科学，2016，39（06）:1525-1530.

[12] 卢家楣，陈念劬，徐雷，陈叶梓，吴洁，王荣，叶为锋，李秀君.中国当代大学生情绪智力现状调查研究 [J]. 心理科学，2016，39（06）:1302-1309.

[13] 陈宁，任智，朱捷，邹夏，刘伟.情绪作为事件性前瞻记忆的附加线索：相反效价增强效应 [J]. 心理科学，2017，40（05）:1068-1074.

[14] 张树凤，司继伟，宗正，董杰.认知闭合需要与预期后悔对个体职业决策过程的影响 [J]. 心理科学，2017，40（05）:1182-1188.

[15] 刘耀中，张俊龙.权力感和群体身份对合作行为的影响——社会距离的中介作用[J]. 心理科学，2017，40（06）:1412-1420.

[16] 唐文杰，侯玉波.预期如何影响人们对不愉快事件的体验？[J]. 心理科学，2017，

40（06）:1435-1441.

[17] 相鹏，耿柳娜，徐富明，张慧，李欧 . 沉没成本效应的产生根源与影响因素 [J]. 心理科学，2017，40（06）:1471-1476.

[18] 宋晓蕾，张俊婷，李小芳，游旭群 . 水平空间与情绪效价联结效应的产生机制 [J]. 心理科学，2017，40（05）:1033-1039. 中，2019，54（12）:1795-1799.

[19] 陈建新，伍莉，黄蓉，王喆，陈悦，杨伟平 . 情绪的相容性对创造性思维的影响 [J]. 心理与行为研究，2020，18（04）:433-439.

[20] 姚海娟，王金霞，苏清丽，白学军 . 具身情绪与创造性思维：情境性调节定向的调节作用 [J]. 心理与行为研究，2018，16（04）:441-448.

[21] 姚海娟，陈雅靖，张云平 . 情绪状态与背景音乐对创造性思维的影响 [J]. 心理研究，2018，11（03）:243-249.

[22] 彭聃龄 . 普通心理学 [M]. 北京：北京师范大学出版社，2019.

[23] 韩紫蕾 . 双元领导对员工创新绩效的影响机理研究 [D]. 南京邮电大学，2020.

[24] 王丹丹，应小萍，和美 . 创新自我效能感对创造性成就的影响：毅力的调节效应 [J]. 中国社会心理学评论，2020（02）:194-217+242.